Philippe Boulanger

1001 Nacht

*Scheherezade erzählt
Geschichten
aus der Wissenschaft*

Aus dem Französischen von Dietmar Zimmer

Springer Basel AG

Die französische Originalausgabe erschien 1998 unter dem Titel "Les mille et une nuits de la science" bei Editions Belin, Paris, Frankreich.

ISBN 978-3-7643-6132-7   ISBN 978-3-0348-6378-0 (eBook)
DOI 10.1007/978-3-0348-6378-0

Die Deutsche Bibliothek – CIP-Einheitsaufnahme

Boulanger, Philippe:
1001 Nacht : Scheherezade erzählt Geschichten aus der
Wissenschaft / Philippe Boulanger. Aus dem Franz. von Dietmar
Zimmer. – Basel ; Boston ; Berlin : Birkhäuser, 1999
   Einheitssacht.: Les mille et une nuits de la science <dt.>
   ISBN 978-3-7643-6132-7

© Springer Basel AG 1999
Ursprünglich erschienen bei Birkhäuser Verlag Basel 1999

Umschlaggestaltung: Atelier Jäger, Kommunikations-Design, D-88682 Salem
Illustrationen: Bruno Vacaro
Umschlagmotiv: Das Observatorium von Istanbul (16 Jh.)

Gedruckt auf säurefreiem Papier, hergestellt aus chlorfrei gebleichtem Zellstoff. ∞

9 8 7 6 5 4 3 2 1

Inhalt

Danksagung

Ich danke Pierre Oscar Levy, der die Idee zu dieser Reihe von Kurzgeschichten hatte, Jean Dalibard, Catherine Allais, Madeleine Boulanger und Marie-Claude Brossollet für ihre anregenden Kommentare, Jean-Paul Delahaye für die Großzügigkeit, mit der er mir seine Ideen überließ, Bruno Vacaro für seine einfallsreichen Illustrationen, meinen Kollegen bei *Pour la Science*, Hervé This, Françoise Cinotti, Bénédicte Leclerq, Luc Allemand, Yann Esnault, Philippe Pajot sowie meinem Team bei *Archimède*, Patrick Sobelman, Jean-Jacques Henry und Jonas Rosales, für die wertvollen Diskussionen zu Fragen der populärwissenschaftlichen Darstellung und insbesondere den Autoren, die sich bereit erklärt haben, für *Pour la Science* zu schreiben, und deren Artikel eine wertvolle Quelle der Inspiration für uns waren.

Ein Abklatsch, gewiß ...

Erste Nacht
Die Bibliothek in der Goldplakette

Die Dämmerung wich dem Tag, und die Sonne erstrahlte über dem Palast von Schahsaman, dem König von Samarkand. Dieser hatte große Sorgen: Er fürchtete, seine Sammlungen könnten auf immer unvollständig bleiben, denn er hatte nicht mehr genug Platz. Schahsaman hatte eine ganz besondere Sammlerleidenschaft: Er sammelte nämlich Sammlungen. Er besaß die schönsten Opale, die funkelndsten Rubine, die prachtvollsten golddurchwirkten Damastgewänder und einige der schönsten Bücher der Welt. Dreißig gelehrte Spezialisten erforschten in seinem Auftrag die entlegensten Weltgegenden auf der Suche nach Prachtstücken für seine Sammlungen. Andere kopierten für ihn Bücher in fernen Bibliotheken. Dreihundert Säle seines Palastes standen voll mit seltenen Büchern, darunter auch Wörterbücher und Enzyklopädien jeder Größe.

„Wo stelle ich bloß die neuen Bände hin?" lamentierte der König.

„Ich würde gerne einmal meinen guten Geist, den Dschinn Iblis, um Rat fragen, aber der geht mir ja zur Zeit immer aus dem Weg. Obwohl er sich doch so gut mit meiner Tochter Irwana versteht. Sie ist noch so jung und unschuldig – und dann immer diese Kerle ..."

Grummelnd griff zu er zu seinem ersten Frühstück, Pfirsiche aus Khulama, türkische Quitten, Muskatäpfel und noch einige andere Früchte aus allen Teilen der bekannten Welt.

Irwana war von seltener Anmut, und ihr Teint war wie das zarte Mondlicht. Von ihrem Fenster aus beobachtete sie Adjib, den Ölhändler, einen großen, kräftigen jungen Mann, der ihr sehr gut gefiel und den sie gerne einmal etwas näher kennengelernt hätte. Aber ach! Der König war sehr streng, und Irwana konnte dem Händler nur während ihres Morgenspazierganges ein verstecktes Lächeln zuwerfen, denn sie war ständig von ihren Hofdamen und anderen Spitzeln umgeben.

„Was tun?" überlegte sie. „Am besten, ich frage einfach einmal Iblis." Sie schlug auf ihrer Laute die Kennmelodie für den Dschinn-Notruf an, und gleich war der gute Geist zur Stelle, wie immer umwabert von einem geheimnisvollen Licht.

„Nie kann ich mit Adjib sprechen", vertraute sich Irwana ihm an, mit einer Stimme, die wie ein Bach voller Perlen war. „Sämtliche Briefe, die ich schreibe, werden zuerst von meinen Hofdamen gelesen, und die berichten dann alles meinem Vater."

Sie flehte Iblis an, ihr zu helfen, und küßte die durchscheinenden Hände und die kaum auszumachenden Füße des Geistes. Iblis strahlte. Wieder einmal konnte er Irwana helfen. Er kannte sie schon von klein auf und hatte immer etwas für sie übrig gehabt.

„Du verwendest einfach den Geheimcode der Dschinns. Schreibe zunächst deine Nachricht an Adjib, und ersetze dann jeden Buchstaben durch zwei Ziffern, 01 für A, 02 für B und so weiter bis zum Z, das du durch 26 ersetzt."

„Ich verstehe", murmelte Irwana, „meine Nachricht sieht dann aus wie eine Rechnung des Milchmädchens oder wie eine Ölbestellung. Aber warum 01 für A, und nicht 1?"

Der Dschinn wurde leicht ungeduldig.

„Das ist eben das ABC der Geheimschrift der Dschinns", erklärte er. „Jede Zahlenfolge aus zwei Ziffern entspricht einem Buchstaben; man muß also immer zwei aufeinanderfolgende Ziffern gemeinsam betrachten. Wenn du 1 für A schreibst und 2 für B, dann könnte Adjib dies mit der Zahl 12 verwechseln, also mit dem Buchstaben L."

Irwana tat, wie es ihr der Dschinn erklärt hatte, und verabredete sich mit Adjib auf dem Basar. Der Dschinn eilte los, um auch dem Ölhändler den Geheimcode zu erklären.

Und so gelang es Irwana, sich am nächsten Morgen im Getümmel des Basars von ihren Aufpasserinnen loszureißen. Sie fand Adjib, der sie wie verabredet erwartete. Beide turtelten etwas herum, fanden sich sympathisch, und es kam, wie es kommen mußte.

Als sich Irwana wieder etwas erholt hatte, brach sie das Schweigen und fragte, selig vor Glück, ihren neuen Liebhaber: „Wie könntest du bloß meinen Vater dazu bringen, daß er in unsere Heirat einwilligt? Es gibt doch schon einen anderen Bewerber, Yatagan, der Sohn eines Wesirs von Bagdad, ein gräßlicher Kerl. Demnächst findet ein Wettbewerb um meine Hand statt, und ich fürchte, daß er gewinnt."

„Und worum geht es bei diesem Wettbewerb?" fragte Adjib.

„Das weiß noch niemand. Der Großwesir verkündet es heute abend nach der Rückkehr von der königlichen Jagd."

Kaum hatten sich die beiden Liebenden getrennt, erschien ihnen gleichzeitig der Dschinn (denn er konnte an mehreren Stellen zugleich sein) und verriet ihnen die Aufgabe des Wettbewerbs. „Wie läßt es sich einrichten, daß die Bücher in meiner Bibliothek weniger Platz brauchen?" wollte der König wissen.

Gleich kam bei Irwana und Adjib wieder Hoffnung auf, denn mit dem Geheimcode der Dschinns besaßen sie bereits einen Schlüssel zur Lösung der Aufgabe.

In Wirklichkeit, und der geneigte und scharfsinnige Leser ahnt es bereits, war Adjib keineswegs nur ein kleiner Ölhändler, sondern ein Prinz, der Sohn des Königs von Izmir. Er hatte sich lediglich als Händler ausgegeben, um Irwana nahe zu sein. Sofort schickte er einen Bo-

14

ten zu seinem Vater, der gleich einen ganzen Trupp Diener zur Bibliothek von Schahsaman entsandte.

Derweil blieb auch Yatagan nicht untätig. Er machte sich daran, die Bücher der Bibliothek von Sklaven abschreiben zu lassen, und zwar in so kleiner Schrift, daß sie nur noch durch einen geschliffenen Topas zu lesen waren. Und weil die Sklaven seiner Ansicht nach nicht schnell genug arbeiteten, zischten bald Peitschenhiebe durch die Luft.

Iblis dagegen spornte Adjibs Diener durch das Versprechen von Belohnungen und mit ausgesuchten Speisen an. Ein Mond verging. Ein Eilkurier wurde mit einer dicken Rolle voller Zahlen auf einem fliegenden Teppich nach Izmir geschickt.

Am Tag, als die beiden Kandidaten ihre Lösungen vorweisen sollten, kehrte der Kurier aus Izmir mit einem in glänzende Seide gewickelten Paket zurück.

Im Palast ging es hoch her. Der König wählte sein prächtigstes Staatsgewand aus und wartete ungeduldig darauf, daß seine 238 Frauen das königliche Badehaus freimachten und daß auch seine Tochter Irwana, die oft stundenlang darin Toilette machte, es endlich räumte. Schließlich betrat Schahsaman den königlichen Beratungssaal. Adjib kniete neben seinem eingepackten Geschenk, während Yatagan noch aufgeregt auf den Fluren des Palastes hin- und herlief.

Als sein Name aufgerufen wurde, schlug Adjib die Seidentücher seines Geschenks zurück, und zum Vorschein kam eine goldene Plakette, die im Kerzenlicht glänzte.

„Dies ist, ehrwürdiger König, das Geschenk meines Vaters, des Königs von Izmir, der leuchtenden Stadt. Deine gesamte Bibliothek befindet sich in diesem Rechteck aus Gold."

Yatagan brach in Gelächter aus, und der König runzelte die Augenbrauen.

„Die gesamte Bibliothek des größten Herrschers der Welt in einer einzigen Plakette ohne jede Inschrift?" mokierte sich Yatagan und tippte mit dem Finger an seine Stirn. Zu jenen Zeiten bedeutete diese Geste, daß man am Verstand seines Gegenübers zweifelte.

Nun erklärte Adjib:

„Von jedem Wort eines jeden Buches haben meine Diener jeden Buchstaben durch eine Zahl aus zwei Ziffern ersetzt, so wie es Irwana und ich getan haben, um miteinander in Verbindung zu treten." Bei diesen Worten nahm das Gesicht der Prinzessin die Farbe der Rosen von Isfahan bei Sonnenuntergang an.

„Dann haben sie alle diese Zahlen hintereinander geschrieben und so eine sehr, sehr lange Zahl erhalten, die mit 190113... begann. Vor die Zahl haben sie eine Null und ein Komma gesetzt, also 0,190113... Schließlich hat der Juwelier meines Vaters diese rechteckige Plakette hergestellt. Und das Verhältnis der Seitenlängen zueinander entspricht genau der langen Zahl und damit dem Inhalt der gesamten Bibliothek. Alles in dieser einen Plakette."

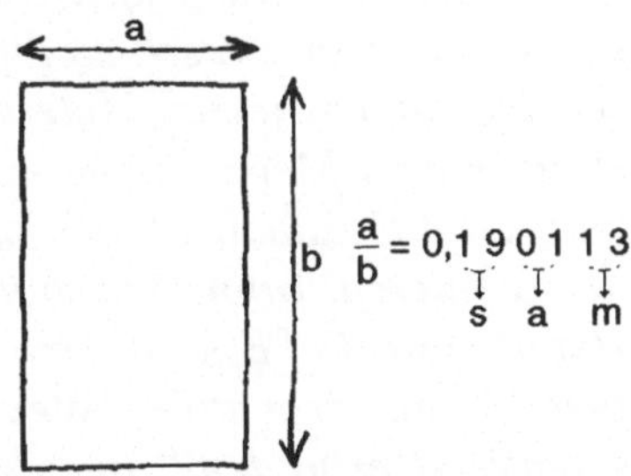

Yatagan schäumte vor Wut. Gegen diese Lösung war seine gar nichts. Er näherte sich dem König und flüsterte ihm etwas ins Ohr. Daraufhin meinte der König:

„Du mußt noch eine zweite Aufgabe lösen, Adjib, damit du meine Tochter heiraten kannst. Finde mir mit deiner Methode eine Zahl, die nicht nur alle Bücher meiner eigenen Bibliothek enthält, sondern alle Bücher aller Bibliotheken der ganzen Welt und alle Bücher, die jemals geschrieben werden."

Iblis beruhigte Irwana, die bereits wieder der Verzweiflung nahe war, denn er hatte auch hier schon eine Lösung.

„Diese Geschichte erzähle ich morgen Nacht", erklärte Scheherezade.* *„Heute haben wir gesehen, daß sich durch eine Folge von Ziffernpaaren eine verschlüsselte Nachricht darstellen läßt. Diese*

---

* Scheherezade mußte ihrem Liebhaber jede Nacht eine neue spannende Geschichte erzählen, um nicht hingerichtet zu werden. Dies ist der erste historisch bekannte Beleg für das berühmte Gesetz *Publish or Perish*.

Ziffernfolge kann als lange Zahl aufgefaßt werden. Weil eine Zahl beliebig lang sein kann, ist so auch eine beliebig lange Nachricht verschlüsselbar. Auf eine ähnliche Art und Weise werden Informationen in modernen Computern codiert. Mit den steigenden Anforderungen an die Kommunikation wurden die Verschlüsselungstechniken immer komplizierter. Indem man vor die Zahl, die Adjibs Diener erhalten hatten, eine Null und ein Komma setzt, erhält man eine Zahl mit immens vielen Nachkommastellen, die man im Prinzip als Quotient der beiden Seiten eines Rechtecks auffassen kann. Allerdings stößt die praktische Umsetzung dieser in der Theorie faszinierenden Idee rasch an ihre Grenzen. Längen jenseits der zehnten Dezimalen (eines Meters) lassen sich kaum noch messen, weil auf einem Meter Länge nur etwa 10^{10} Atome Platz haben. Und mit zehn Dezimalen kann man eben gerade einmal fünf Buchstaben codieren. Immerhin gibt es auch recht ausdrucksstarke Wörter mit nur fünf Buchstaben. Und wie heißt es so schön: 'Se non è vero, è buon trovato' – 'Wenn es nicht wahr ist, dann ist es wenigstens gut erfunden'" meinte Scheherezade, die ihre italienischen Klassiker kannte.

In diesem Augenblick erkannte Scheherezade, daß der Morgen gekommen war, und schwieg.

Zweite Nacht
Die Eigenschaften von π

„Regt Euch nicht auf, Vater, es wird schon alles klappen." Irwana beruhigte den König Schahsaman, der völlig hippelig war. Er wollte Präsident des Vereins der Etikettensammler von Samarkand werden, deren Jahreshauptversammlung im kommenden Monat in seinem Palast stattfinden sollte. Zu diesem Anlaß wollte er seine Gäste bestens bewirten, und er wartete gerade auf seinen Juwelier, um ihm eine Reihe silberner Tabletts in Auftrag zu geben. Auf diesen sollten seine Vereinsfreunde dann ihre Etiketten präsentieren können. Irwana machte sich schon Sorgen, ob ihr Vater jetzt nicht auch noch eine Sammlung solcher Tabletts anfangen würde. Es war doch immer so: Kaum besaß er einen Gegenstand, schon war das der Anfang einer neuen Sammlung ...

Endlich betrat der Juwelier den großen Saal der Bibliothek, wo der König auf ihn wartete. Der König ließ ihn sich setzen und bot ihm Jasmintee an. Dann erklärte er seinen Auftrag: Die Silbertabletts sollten vier Meter Durchmesser und einen Goldrand haben.

„Wieviel Silber und wieviel Gold brauchst du für ein Tablett?" fragte er.

„Pro Tablett brauche ich π mal vier Quadratmeter Silberblech und π mal vier laufende Meter Goldband. Mein Djinn, der Geometrieexperte, hat mir nämlich erklärt, daß die Fläche eines Kreises mit dem Radius r gleich πr^2 ist, und sein Umfang $2\pi r$."

„Und was ist π?" fragte Schahsaman.

„Eine Zahl, die mit 3,14159 ... beginnt, mit unendlich vielen Dezimalen."

Die Bestellung war wichtig, und daher wollte der König mehr wissen.

„Bist du dir sicher mit deinen Formeln? Wie kann es sein, daß die gleiche Zahl π sowohl bei der Fläche als auch bei dem Umfang des Tabletts eine Rolle spielt?"

„Das ist erstaunlich, aber wahr", meinte der Juwelier. „Das Silbertablett mit Goldrand ist sehr gefragt, und ich habe selbst schon darüber nachgedacht. Ich kann Euch zeigen, daß es sich in beiden Fällen immer um die gleiche Zahl π handelt. Hier eine kleine Demonstration auf einem Stück Papier*: Ich zerschneide den Kreis in eine Reihe von Segmenten, die ich näherungsweise zu einem Rechteck anordne. Wenn der Umfang des Kreises $2\pi r$ beträgt, dann ergibt sich die Kreisfläche durch eine Multiplikation der Länge der einen Seite des Rechtecks, πr, mit der Länge der zweiten Seite, r, also πrr oder πr^2."

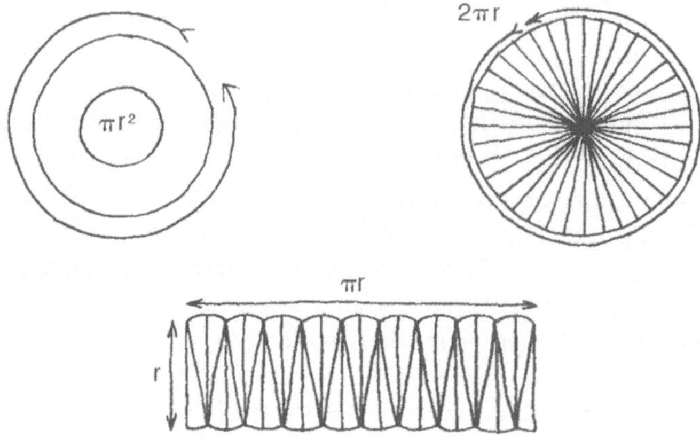

Der Juwelier geriet bei seiner Erklärung richtig in Fahrt. Er sprang hin und her und endete mit einer weitausholenden Geste.

„Also ist es das gleiche π. Und für meine Arbeit brauche ich einen Vorschuß von tausend Goldstücken."

Der König wies seinen Schatzmeister an, hörte aber schon gar nicht mehr richtig zu. Er betrachtete seine Bibliothek und fragte sich dann:

---

* Diese Argumentation ist allerdings immer mit etwas Vorsicht zu betrachten, da zwei beliebig eng benachbarte Kurven sehr unterschiedlich lang sein können.

„Könnte ich eine Bibliothek besitzen, die alle Bücher der Welt enthält? Dieser Adjib hat schließlich meine Frage noch nicht beantwortet: Gibt es eine Zahl, die alle Bücher der Welt enthält?"

„Wenn er eine Antwort darauf findet, darf ich ihn dann heiraten?" fragte Irwana.

Schahsaman schaute sich mißtrauisch um und war erleichtert: Yatagan war nicht in der Nähe.

„Aber gewiß, mein Kind. Wenn mich die Antwort von Adjib zufriedenstellt, feiern wir deine Hochzeit während des Festes, das ich für die Etikettensammler geben will ... Rufe ihn gleich einmal her."

Im Nu kam Adjib mit leuchtenden Augen herbeigestürzt.

„Stellt Euch nur Euren zukünftigen Ruhm vor, Majestät. In Eurer Bibliothek werdet Ihr nicht nur alle Bibliotheken der Welt vereinen, sondern sogar alle Werke, die erst noch geschrieben werden! Laßt mich nur erklären: Betrachten wir alle Bücher mit weniger als 1000 Seiten zu je 20 Zeilen mit 100 Zeichen. Die Zahl der möglichen Bücher ist riesig, aber nicht unendlich groß. Wäre sie unendlich, dann hättet Ihr tatsächlich ein Problem. Aber das ist nicht der Fall. Stellen wir uns also vor, Ihr hättet sämtliche Bücher dieser Art. Größere Bücher könnte man sich ja in mehrere Teile zerlegt vorstellen."*

„Aber", unterbrach ihn der König, „wie ...?"

---

* Vielleicht könnte es ein Problem mit „unendlichen" Büchern geben, die Geschichten mit einer Endlosschleife enthalten, wie etwa folgende: „Es war ein heißer Augusttag. Erschöpft suchten die Kinder im Schatten der alten Eiche Schutz vor der Hitze. Was sollten sie bloß tun? Zum Spielen war es zu heiß. Léonce schlug vor, eine Geschichte zu erzählen: 'Es war ein heißer Augusttag. Erschöpft suchten die Kinder im Schatten der alten Eiche Schutz vor der Hitze. Was sollten sie bloß tun? ...'"

„Und nun, Majestät, enthielte diese Bibliothek die Beschreibung sämtlicher Eurer Liebesnächte, die Geschichte Eurer Kinder und Kindeskinder, die Übersetzungen aller dieser Bücher ins Italienische, Spanische, Altfranzösische und Bretonische, sie enthielte alle Werke, die jemals von Schimpansen auf einer Schreibmaschine produziert wurden, um auf diese Weise per Zufall ein Werk von Shakespeare zu rekonstruieren, die Schilderung meiner Hochzeit mit Irwana, ...“

„Und die Schilderung der Hochzeit von Irwana mit Yatagan, wenn du nicht bald auf den Punkt kommst, wie ...“

„Sofort, Majestät. Erinnert Euch an den Zahlencode, mit dem wir Buchstaben durch Zahlen ersetzt haben, 01 für A, 02 für B usw. Jedes Buch wird auf diese Weise in eine sehr große Zahl verwandelt. Der Clou dabei ist: Jede dieser Zahlen erscheint sicher irgendwo einmal in der unendlichen Zahlenfolge der Dezimalen von π. Und damit sind alle Zahlen und auch alle Werke in der einen Zahl π enthalten.“

„Und daher“ fügte Irwana hinzu, „braucht Ihr Euch bloß noch einen goldenen Stab zuzulegen mit einer Kerbe bei π Metern Entfernung von einem Ende ...“

„Diese unendlichen Zahlen sind mir nicht ganz geheuer“, meinte Schahsaman immer noch skeptisch. „Um die unendlich vielen Dezimalen für die genaue Position der Kerbe auszurechnen, bräuchte man unendlich viele Rechenknechte. Das ist unmöglich. Die Sache sieht nicht gut für dich aus, Adjib.“

„Aber es genügt doch, o Majestät, zu wissen, daß π die exakte Länge des Umfangs eines Tabletts mit dem Durchmesser von einem Meter ist“, beruhigte ihn Adjib. „Wenn Ihr ein solches Tablett habt, dann habt Ihr π.“

„Nun gut, ich werde mir ein solches Tablett machen lassen“, zeigte sich der König schließlich überzeugt, „denn es enthält alle Bücher dieser Welt. Laßt den Juwelier wieder herkommen.“

„Da kann ich mich ja auch gleich einmal mit ihm über unsere Trauringe unterhalten ...“, meinte Irwana.

„Wenn die Dezimalen von π alle überhaupt möglichen Ziffernfolgen enthalten, dann enthält π auch alle Geschichten der Welt“, erzählte Scheherezade fasziniert weiter. „π wäre dann das, was die Mathematiker als Universalzahl bezeichnen. Das ist noch nicht

vollständig bewiesen, aber die meisten sind davon überzeugt. In diesem Fall müßte man nur genügend Dezimalstellen ausrechnen, bis dann irgendwann die Ziffernfolge eines bestimmten Textes auftaucht. Zur Zeit kennt man 'erst' 51 Milliarden Dezimalstellen von   . Mit einer völlig neuen Rechenmethode kann man jetzt jedoch die Dezimalen sehr viel schneller berechnen und ist nicht mehr auf die Kenntnis der vorhergehenden Dezimalstellen angewiesen. Leider erhält man diese 'fernen' Dezimalstellen zur Zeit erst im Dual- und nicht im Dezimalsystem."

In diesem Augenblick erkannte Scheherezade, daß der Morgen gekommen war, und schwieg.

Dritte Nacht
Die Dehnung der Zeit

Zeïn, der Kaufmann, schlürfte gerade ein mit Honig gesüßtes und mit Ingwer gewürztes Erfrischungsgetränk, als ein alter Bettler und ein junger Bursche sich ihm vorstellten. Der junge Mann glich dem alten sehr.

Zeïn war reich: Er trieb mit fernen Städten Handel und verwaltete sein Vermögen klug. Die Schiffe des Reeders befuhren alle bekannten Ozeane. Gerne unterhielt er sich mit Reisenden, die ihm Neuigkeiten aus aller Welt brachten. Daher empfing er auch diese beiden Unbekannten mit Interesse.

Er stutzte, als der Alte sich an ihn wandte: „Dieser Junge hier, o Kaufmann, ist mein Vater", sagte er. Gleich ließ Zeïn seine Frauen herbeirufen, damit sie gemeinsam die Geschichte der beiden Fremden anhören sollten.

Der junge Mann, der Khalibr 13 hieß, erzählte weiter:

„Einst war ich wie Ihr Kaufmann in Samarkand, als unser Vater, Khalibr 12, mich gemeinsam mit dem Dschinn Khoka nach Bagdad schickte, um dort die von uns hergestellten Gewänder zu verkaufen. Der Dschinn verlud die Ware auf zwei fliegende Teppiche, und ich verabschiedete mich von meinem Sohn, Khalibr 14, der heute der alte Mann neben mir ist.

Der erste Teppich flog mit meinem Sohn direkt nach Bagdad. Khoka und ich machten auf dem zweiten Teppich einen kleinen Umweg zu den Sternen – Khoka streift gerne etwas in der Gegend herum. So besichtigten wir die Milchstraße und ihre Wunder, über tausend der vielen Sterne, die am Firmament leuchten, Rote Riesen, Weiße Zwerge und Sterne, die so dunkel sind, daß man sie Schwarze Löcher nennt. Einige Planeten hatten zwei Sonnen; dort gab es täglich zwei Sonnenauf- und -untergänge.

Und wir durchschnitten das Weltall in Windeseile, stets nahe an der Höchstgeschwindigkeit, der des Lichts. Bei diesemTempo, o großzügiger Kaufmann, schien für Betrachter von außen unsere Zeit auf dem Teppich langsamer zu vergehen und nahe der Lichtgeschwindigkeit sogar fast ganz stillzustehen – ganz so, als hätte Allah durch seinen Willen alle Lebewesen und Sachen gebannt!"

Zeïn hatte eine Konkubine namens Zorah, die von der Natur mit zahlreichen äußeren Vorzügen sowie einer wachen Intelligenz beglückt war.

„Das ist ja geradezu ein Jungbrunnen, wenn man nicht altert!" rief sie und klatschte in die Hände. „Am liebsten würde ich gleich Khoka rufen, wenn Ihr erlaubt, o Herr, und mit ihm eine kleine Reise unternehmen. Wenn wir dann zurückkommen, bin ich immer noch gleich jung und schön, während Ihr dann älter seid."

Die Brauen des Kaufmanns zogen sich bedrohlich zusammen, was sie rasch zum Schweigen brachte. Sie wechselte das Thema:

„Wie meßt Ihr denn eigentlich die Zeit, so weit entfernt von unserer Sonne. 'Ein Tag' hat doch dann gar keine Bedeutung mehr."*

„Dazu nehmen wir diese schwerkraftunabhängige Sanduhr", erklärte der alte junge Mann. „Sie wurde schon von meinem Vater bei seinen Fernreisen als intergalaktische Eieruhr benutzt."

„Es ist wirklich ein Wunder, daß der Sand in der Uhr langsamer rieselt, wenn man sich der Lichtgeschwindigkeit annähert!" rief Zorah aus.

„Das sieht nur für den Betrachter von außen so aus. Den Reisenden kommt es nicht so vor", meinte Zeïn, der für ungewöhnliche Gedankengänge immer sehr aufgeschlossen war. „Doch nur Allah kennt wirklich den Grund aller Geheimnisse …"

---

* Man weiß wohl, was ein Tag ist, aber die Länge eines Tages bleibt doch rätselhaft. „Ein Tag dauert genauso lange wie ein beliebiges anderes Ereignis von der Länge eines Tages", meinte Lewis Caroll. „Was Zeit ist, weiß ich genau – solange man mich nicht danach fragt", sagte Augustinus. Was wäre, wenn die Zeit im ganzen Universum einen Moment stillstünde? Wie lange würde dieser Moment dauern? Bekämen wir überhaupt etwas davon mit? Und wenn man der Ansicht ist, die Zeit verlaufe überall gleich schnell – wie schnell wäre das dann? Auch kann man sich mit Henri Poincaré (1854-1912) fragen: „Wenn sich das Volumen des Universums verdoppelt, könnten wir das beobachten? Und wenn nicht, wäre es dann immer noch Realität?"

„Wir haben die Sanduhr während unserer Reise nur etwa hundertmal umgedreht, während auf der Erde fünfzig Jahre vergingen", fuhr
Khalibr fort. „Doch das fiel mir erst bei der Rückkehr auf, als ich meinen Sohn in diesem Zustand vorfand. Ich war jetzt jünger als mein eigener Sohn!* Überhaupt haben wir während dieser kurzen Reise so
viele Wunder gesehen – aber davon erzähle ich ein andermal, sofern
Ihr die Geduld haben wollt, mir zuzuhören."

„Ihr seid immer willkommen und meine Freunde", bekräftigte
Zeïn. „Auch sollt Ihr gebührend bewirtet werden."

Der Kaufmann schenkte ihnen festliche Gewänder, die sie nach einem wohlriechenden Bad anlegten. Anschließend wurden ihnen köstliche Speisen aufgetragen, und man ließ sie in Ruhe essen. Zorah war

---

* Khalibr 13 ist leicht zu erkennen: Er ist älter als er aussieht.

fasziniert von Khalibr und hätte zu gern mehr von ihm gewußt, aber sie wollte ihn nicht beim Essen stören. Außerdem ließ Zeïn sie keinen Moment aus den Augen.

Nach dem Mahl ergriff Zeïn wieder das Wort.

„Warum aber, mein Junge", wandte er sich an den alten Mann, „lebt Ihr heute in derart schlechten Verhältnissen"?

Zorah unterhielt sich jedoch so angeregt mit Khalibr 13, daß dieser gar nicht antworten konnte, und so erklärte sein greiser Sohn die Geschichte:

„Nachdem wir in Bagdad 50 Jahre auf unseren Vater gewartet hatten – für ihn waren nur ein paar Monate vergangen –, war unsere Enttäuschung groß, als wir versuchten, unsere Ware zu verkaufen. Nach einem halben Jahrhundert hatte sich die Mode natürlich völlig verändert. Die Schuhe waren spitzer und die Schleier leichter geworden, und für die Stickereien wählte man jetzt ganz andere Farben. Die ganze Ladung war keinen Piaster mehr wert. Außerdem hatten wir 50 Jahre lang den Teppich falsch geparkt und mußten einen entsprechend hohen Strafzettel bezahlen. Kurzum, wir waren ruiniert."

Zeïn nickte: Er kannte die Risiken der Modebranche und die Hartnäckigkeit von Polizeibehörden. Müde vom Festmahl, betrachtete er Zorah, die so schwungvoll für Khalibr 13 tanzte, daß sie ihren Schleier verloren hatte.

„Der Kalif hat mir sogar eine noch unglaublichere Geschichte erzählt", fügte er hinzu. „Ein Reisender ist nicht nur nicht gealtert, sondern sogar jünger geworden. Diese Geschichte erzähle ich Euch morgen, wenn Ihr Euch ausgeruht habt."

Und alle zogen sich zurück, um von Reisen durch die Zeit zu träumen, außer Zorah, die nicht wußte, ob sie Zeïn oder Khalibr folgen sollte.

„Wenn man sich der Lichtgeschwindigkeit annähert, vergeht die Zeit langsamer", überlegte Scheherezade. „Das konnte experimentell mit radioaktiven Teilchen bewiesen werden, die langsamer zerfallen, wenn sie sich schnell bewegen.

Wenn zwei Personen, die sich mit konstanter Geschwindigkeit zueinander bewegen, ihr Alter vergleichen könnten, dann hielte sich jede für jünger als die andere. Aber ist das eigentlich so ungewöhn-

lich?" fügte sie schmunzelnd hinzu. „Wenn zwei gleichaltrige Frauen sich begegnen, hält sich doch auch jede von ihnen für die Jüngere.
Andererseits weisen nicht alle symmetrisch erscheinenden Beziehungen eine wirkliche Äquivalenz auf. So sind in Kurbädern junge Frauen oft auf der Suche nach einem Ehemann, und Ehemänner sind auf der Suche nach jungen Frauen – und das ist nicht unbedingt das Gleiche.
Zurück zur Physik: Diese Symmetrie der Zeiten, bei der jeder die Uhr des anderen langsamer als seine eigene gehen sieht, gilt nur für konstante Bewegungen. In unserer Geschichte fliegen die Reisenden aber zu einem bestimmten Punkt und wieder zurück. Dabei müssen sie zu Beginn und am Ende der Reise sowie beim Umkehren jeweils ihr Tempo beschleunigen und wieder abbremsen. In solchen beschleunigten Systemen ist auch nach der Relativitätstheorie keine Symmetrie der Zeit gegeben: Khalibr 13 ist nach der Reise tatsächlich jünger als Khalibr 14. Das haben physikalische Experimente mit Elementarteilchen und Atomuhren bewiesen."

In diesem Augenblick erkannte Scheherezade, daß der Morgen gekommen war, und schwieg.

Vierte Nacht
Reisen in die Vergangenheit

Eines Tages verließ Djirdjis, der Sohn des Königs Eurhythmos von Enos, seine Insel auf einem bequemen fliegenden Teppich, nur begleitet von dem Dschinn Khola Laït – aufgrund der langen Reisestrecke konnte er keine schwergewichtigen Begleiter mitnehmen. Sie flogen auf das Zentrum der Galaxie zu, wo man ein interessantes Schwarzes Loch vermutete. Und wie aufregend war bereits die Umgebung dort! Wundersame Phänomene beugten das Licht, Lichtstrahlen umkreisten mehrmals das Loch und wurden einfach verschluckt. Djirdjis bekam es bald mit der Angst zu tun und bat Khola Laït, auf dem nächstliegenden Planeten zu landen. Der Dschinn gehorchte, und sie erreichten einen Planeten, dessen Bewohner eine seltsame Sprache namens Achimil sprachen.

Khola Laït verstand alle Sprachen, und er erklärte Djirdjis, daß auf diesem Planeten die Zeit rückwärts lief. Die Bewohner, die Nedmerfs, wurden alt geboren und starben als Babys, ihre Uhren liefen rückwärts, und die Speisen brannten erst einmal an, bevor sie gar wurden. Khola übersetzte die Gespräche der Nedmerfs.

„Die Bewohner hier möchten gerne ein Casino bauen, aber die Gewinnzahlen wären ja immer schon vor dem Setzen bekannt, und das nimmt der ganzen Sache ein wenig den Reiz. Natürlich wird das Casino nie gebaut, denn sonst hätten sie es ja längst …"

„Können wir mit ihnen reden?" fragte Djirdjis.

„Das ist etwas schwierig, denn sie kennen das Satzende schon vor dem Anfang. Aber wir könnten versuchen, in Palindromen mit ihnen zu reden, das sind Wörter oder Sätze, die vorwärts wie rückwärts gesprochen gleich lauten."

„Ich kenne nicht ein einziges solches Wort", meinte Djirdjis.

„Hallo, hier bin ich!" meldete sich ein Nedmerf namens Trow.

„Es gibt nur wenige solcher Sätze", bestätigte Djirdjis. „Ein Neger mit Gazelle zagt im Regen nie!" rief er in die Menge. Die Einheimischen waren ganz aus dem Häuschen aufgrund dieser – wenn auch nicht politisch korrekten – Äußerung der fremden Besucher. Einer von ihnen näherte sich und reichte Djirdjis die Hand.

„Komm ihm nicht zu nahe", warnte Khola. „Die rückwärts laufende Zeit ist ansteckend, und du könntest wieder in die Vergangenheit versetzt werden."

„Wäre es denn so schlimm, wieder jünger zu werden?" wollte Djirdjis wissen.

„O du Unwissender! Laß uns rasch von hier weggehen, dann erzähle ich dir die Geschichte von Mond-der-Zeit, der Tochter des Königs Al-Chamandal."

Der Teppich bockte etwas, flog dann aber doch mit einem Raum-Zeit-Sprung davon. Die Nedmerfs erstaunte das überhaupt nicht, denn das hatten sie ja schon vorher gewußt. Bereits bei der Ankunft der Reisenden hatten sie zum Abschied mit ihren Taschentüchern gewunken.

„Mond-der-Zeit", erzählte Khola nun, „besuchte einst die Nedmerfs, um ihnen alte Gemälde zu verkaufen. Sie verliebte sich in einen Nedmerf-Prinzen, dem sie den Namen Laval gab. Leider wurde der Prinz immer jünger und starb schließlich als Säugling. Mond-der-Zeit wollte nun zur Erde zurückkehren, packte ihre Bilder zusammen und erschien wieder in Bagdad – 60 Jahre vor ihrer Geburt. Sie hatte sich mit der rückwärts laufenden Zeit angesteckt. Niemand kannte sie auf dem Basar, wo ihre Vorfahren lebten. Nach einigen Mühen fand sie das Haus ihrer Familie und erzählte dort ihre Geschichte, aber ihr Großvater glaubte ihr nicht. Er bekleidete das angesehene und gut bezahlte Amt des königlichen Henkers.

'Du bist nichts als eine verlogene Kurtisane', schimpfte er. 'Betrügerin! Erbschleicherin! Ich werde dich auspeitschen lassen dafür, daß du einem ehrlichen Beamten seine Ruhe stiehlst.'

Mond-der-Zeit war ganz verzweifelt.

'Vater! Mutter! Womit habe ich einen solchen Großvater verdient!' rief sie aus.

Sie flehte den Mann an und zerkratzte sich das Gesicht, doch der Henker blieb stur.

'Dann erkläre mir bloß einmal,' meinte er hämisch, 'wie du meine Enkelin sein kannst, wo mir meine Frau noch nicht einmal ein Kind

geschenkt hat. Ich werde dich bestrafen, und dann wirst du an einen reichen Händler verkauft.'

Mond-der-Zeit spürte, wie zunächst Scham, dann Wut und schließlich Zweifel an der Vererbbarkeit der Intelligenz in ihr aufstiegen. Sie konnte doch nicht von einem solchen Menschen abstammen! Da kam ihr Großvater auch schon mit gezogenem Säbel auf sie zu. In Panik ergriff sie einen Dolch, der auf dem Tisch lag, und schleuderte ihn ihm entgegen. Sie hatte gut getroffen, und der Mann fiel auf der Stelle tot um.

Mond-der-Zeit ergriff ihre Gemälde und schützte sich damit gegen die Steine, die die Diener des Henkers ihr auf der Flucht nachwarfen. Sie lief, so schnell sie konnte, und entkam ihren Verfolgern. Doch sie wußte nicht, wohin und schlief schließlich erschöpft auf einer Türschwelle ein.

'Was für eine Bescherung!' hörte sie nach einiger Zeit einen jungen Mann rufen, der sich über sie gebeugt hatte.

Sie erwachte und ordnete ihre Kleider. Der Mann sah gut aus und schien freundlich. Er hieß Abnous und lud sie ein, in seine Wohnung zu kommen. Sie erzählte ihm ihre Geschichte, die Reise durch die Zeit, ihr Unglück und den Tod ihres Großvaters. Abnuos, ein Maler, hörte teilnahmsvoll zu und war schließlich beunruhigt.

'Ich glaube dir', sagte er, 'aber – wie kannst du nach all dem noch weiterleben'?

Mond-der-Zeit war eine temperamentvolle Frau, und mit einem Mal nahm ihr Teint die Farbe reifer Pflaumen vom Ufer des Roten Meeres an.

'Es war reine Notwehr', fauchte sie, 'und ich habe mir überhaupt nichts vorzuwerfen! Und außerdem brauche ich mir nichts von einem Schmierenkünstler ...'

Abnous unterbrach sie.

'Aber ich werfe dir doch gar nichts vor. Ich sehe nur ein logisches Problem. Wenn du deinen Großvater umgebracht hast, bevor seine Frau deinen Vater geboren hat, wie hätte der schließlich dich zeugen können? Mit deinem Großvater hast du eigentlich dich selbst umgebracht, und eigentlich existierst du gar nicht mehr ...'

Mond-der-Zeit war zunächst perplex, dann brach sie in Tränen aus. Abnous versuchte, sie zu beruhigen – erst erfolglos, doch schließlich gelang es ihm.

Nach einer Weile, während Mond-der-Zeit sich ausruhte, warf er einen Blick auf eines der Gemälde und stieß einen Schrei aus. Ihr habt sicher schon erraten, weshalb, verehrte Zuhörer: Das Bild war *sein* Bild. Oder vielmehr ein Bild, das er noch gar nicht gemalt hatte und das Mond-der-Zeit auf ihrer ersten Reise verkaufen wollte. Abnous erkannte klar seine Signatur und seinen zukünftigen Pinselstrich.

Mond-der-Zeit, die sich inzwischen wieder beruhigt hatte, ließ sich die Aufregung Abnous erklären. Und praktisch wie sie war, hatte sie gleich einen Vorschlag.

'Du brauchst es nur zu kopieren', meinte sie. 'Dann ist es erst recht von dir, und es wird zu deinem Meisterwerk.'

'Wie könnte ich so etwas tun', wehrte Abnous ab, 'das wäre doch ein richtiges Plagiat!'

'Höchstens ein Plagiat durch Vorwegnahme des Originals ...', beruhigte sie jetzt ihn.

Das sah er schließlich ein, aber er wunderte sich immer noch: Hier stand tatsächlich ein Bild, das ohne irgendein Zutun entstanden war. Wie praktisch!

Mond-der-Zeit und Abnous gefielen sich. Sie heirateten, und einige Jahre später hatten sie einen Sohn, der sehr seiner Mutter glich – und, nach Meinung ihres Dschinns, dem Kind, das die Frau des Henkers zur Welt gebracht hätte, wäre nicht ihr Mann von Mond-der-Zeit umgebracht worden. Dieser Sohn hätte dann, wir wissen es bereits, etwa 30 Jahre später eine Tochter gezeugt, die er Mond-der-Zeit genannt hätte."

„Das Paradoxon des Zeitreisenden, der seinen eigenen Großvater umbringt und der daher selbst nicht existieren kann, hat Physiker wie Science-fiction-Autoren lange fasziniert", erzählte Scheherezade. „Einstein war sich sicher, daß man keine Telegramme in die Vergangenheit schicken kann. Doch vielleicht täuschte er sich hier: Nach gewissen neueren Theorien könnte es in der Umgebung von Schwarzen Löchern zu einer Umkehrung der Zeit kommen. Allerdings lassen die ungeheuren 'Nebenwirkungen' der gewaltigen Schwerkraft eines solchen Himmelskörpers die praktische Ausnutzung dieses Effekts vollkommen ausgeschlossen erscheinen. Ein weiteres Problem von Zeitreisen in die Vergangenheit besteht darin, daß die Reisenden, einmal in der Zielzeit angekommen, zusammen mit den anderen Menschen und Dingen dieser Zeit altern. Wenn sie dann wieder die Zeit erreicht haben, in der sie ursprünglich abgereist waren, besteigen sie erneut die Zeitmaschine, und alles beginnt von vorne: Der Zeitreisende gerät in eine Endlosschleife, aus der es keinen logischen Ausweg mehr gibt."

In diesem Augenblick erkannte Scheherezade, daß der Morgen gekommen war, und schwieg.

Fünfte Nacht
Das Geschenk des Dschinns

Khalibr und Zorah waren schon lange unterwegs, und ihre Kamele waren durstig. Wie unermeßlich groß ist doch die Wüste für den Reisenden! Sie waren glücklich, als sie endlich Izmir, die leuchtende Stadt, erreichten – gerade rechtzeitig zum Geburtstag des Sultans, dem sie ein Überraschungsgeschenk überbringen wollten.

Im Palast hatten die Feierlichkeiten bereits begonnen, und aus den Gärten mit ihren duftenden Blumen wehte schon der Klang von Musik herüber. Khalibr und Zorah meldeten sich an, und der Sultan Al-Amin, ein Sohn von Harun-al-Raschid, empfing sie mit großer Gastfreundschaft. Nach dem Begrüßungszeremoniell und den Waschungen zeigte er den Gästen die Geschenke, die er von seinen Untertanen, seinen Freunden und von verschiedenen Bittstellern erhalten hatte. Zorah lächelte nachsichtig, denn sie wußte, wie ungeduldig und neugierig der Sultan war, das Geschenk zu sehen, das sie ihm mitgebracht hatten. Sie täuschte sich nicht: Der Sultan kürzte die Präsentation ab, nachdem er ihnen einige prächtige Gewänder, nubische Sklaven und einen herrlichen Rappen vorgeführt hatte, auf dessen Rücken eine Amazone mit entblößtem Oberkörper saß. Zorah erkannte auch in den Augen Khalibrs ein gewisses Begehren. Sie vermutete, daß ihr Ehemann sich wohl ganz gerne zumindest einmal auf den prachtvollen Zuchthengst gesetzt hätte.

Die Diener stellten zwei Truhen, das Geschenk der beiden, am Eingang des Festsaales ab.

Die erste Truhe war ganz aus Kristall und mit Gold bemalt, die zweite aus rubinbesetztem schwarzem Ebenholz. Mit glänzenden Augen machte sich Al-Amin daran, beide zu öffnen, als ihn Zorah zurückhielt.

„Ihr müßt zunächst eine Entscheidung treffen, verehrter Sultan, die Ihr Euch gut überlegen solltet. Der Inhalt der Truhen, die Ihr öffnet, gehört Euch, und es steht Euch frei, alle beiden Truhen zu öffnen – oder nur die aus Ebenholz. Es verhält sich nämlich so ...“

Der Sultan seufzte. Warum waren mit vielen Geschenken immer so komplizierte Vorschriften verbunden? Er erinnerte sich an Apparate aus dem fernen Morgenland, bei denen er nicht einmal die Bedienungsanleitung entziffern konnte. Zorah hatte ihm schon manchen derben Streich gespielt, und so hütete er sich vor einer voreiligen Entscheidung.

Zunächst einmal lud er seine Gäste für den Abend zum Bankett ein. Dann könnten sie ja in aller Ruhe die Regeln erklären, und seine weisen Wesire wären ihm bei seiner Entscheidung behilflich.

Das Festmahl war üppig. Und es dauerte lang. Als Al-Amin schließlich glaubte, den Regeln der Höflichkeit sei Genüge getan und seine Gäste seien zufrieden, gab er Zorah ein Zeichen. Diese schluckte noch rasch ihr letztes Törtchen hinunter und erklärte dann:

„Wir haben Euch, o mächtiger Sultan, zwei Truhen mitgebracht. In der gläsernen Truhe befinden sich, wie Ihr sehen könnt, tausend goldene Dinar. In der Ebenholztruhe befindet sich entweder ein großer, herrlich geschliffener Diamant oder aber gar nichts. Ob ein Diamant darinliegt oder nicht, hat der Dschinn Khoka entschieden. Der Edelstein wäre hundertmal tausend Golddinar wert.“

„Dschinn Khoka kann die Menschen sehr gut einschätzen“, fuhr Khalibr fort. „Wenn er glaubt, daß Ihr Euch nur für die Truhe aus Ebenholz entscheidet, dann hat er den fantastischen Diamanten darin versteckt. Wenn er aber der Meinung ist, Ihr öffnet ohnehin beide Truhen, dann ist die aus Ebenholz leer. Ihr habt nur einen Versuch.“

Der Sultan hatte zwei Wesire, die immer der entgegengesetzten Meinung waren. Der erste Wesir zögerte nicht lange mit seinem Rat:

„Ihr solltet nur die Ebenholztruhe öffnen“, meinte er. „Khoka ist listig, aber fair, und wenn er vorhergesehen hat, daß Ihr nur diese Truhe öffnet, dann hat er den Diamanten auch hineingelegt. Wenn er aber glaubt, Ihr öffnet beide Truhen, dann ist die Holztruhe leer, und Ihr habt nur die tausend Golddinare. Öffnet also nur die zweite Truhe.“

„Genau das werde ich tun,“ stimmte ihm Al-Amin zu, „mein Entschluß steht fest. Ich habe Khoka auch schon erlebt und vertraue ihm.“

Er ging auf die schwarze Truhe zu, als ihn der zweite Wesir aufhielt.

„Warum diese Hast, mein König? Vergeßt nicht, Ihr seid völlig frei in Eurer Entscheidung. Ob sich in der Truhe ein Diamant befindet oder nicht, steht doch schon lange fest. Khoka kann jetzt nichts mehr daran ändern. Daher kann Euch nur daran gelegen sein, beide Truhen zu öffnen. Wenn in der Truhe ein Diamant liegt, dann gehört er Euch, und in jedem Fall gehören Euch auch noch die tausend Goldstücke dazu.“

Jetzt war der Sultan vollkommen verwirrt. War er wirklich völlig frei in seiner Entscheidung, unabhängig von der Vorhersage Khokas? In diesem Fall würde er natürlich die beiden Truhen öffnen müssen. Wenn sich andererseits Khoka tatsächlich niemals irrte, dann sollte er ja wohl nur die Holztruhe öffnen, um an den Diamanten zu kommen.

Und der arme Sultan ging von einer Truhe zur anderen, wurde immer hektischer und sprang schließlich wie ein tanzender Derwisch umher, ohne sich entscheiden zu können. War es das, was Khoka bezweckt hatte?

Inzwischen sind viele Monde vergangen, und der Sultan zögert noch immer.

Es gibt tatsächlich Geschenke, die mit Vorsicht zu betrachten sind. *Timeo Danaos et dona ferentes – Ich fürchte die Danaer, auch wenn sie Geschenke bringen,* meinten schon die alten Römer, und Jean Buridan machte später in seiner Geschichte mit dem Esel deutlich, wohin Unentschlossenheit führen kann.

„Seitdem der amerikanische Physiker Simon Newcomb 1960 dieses Problem mit den beiden Truhen gestellt hat, haben sich Hunderte von Veröffentlichungen da-

mit befaßt," erzählte Scheherezade, „*ohne tatsächlich eine Lösung dafür zu finden. Dabei gibt es kaum zweifelnde Stimmen: Etwa die Hälfte der Autoren teilt eindeutig die Meinung des ersten Wesirs, während die andere Hälfte genauso eindeutig das Gegenteil vertritt. Wenn Sie der Meinung sind, daß Ihre Handlungen durch eine höhere Macht oder durch Sachzwänge vollkommen vorherbestimmt sind, dann werden Sie nur die Holztruhe öffnen. Glauben Sie dagegen, daß Sie auch nur über ein Minimum an wirklich freier Entscheidung verfügen, dann öffnen Sie beide. Letztendlich handelt es sich hier um eine Glaubenssache: Sind Sie der Meinung, es gibt ein höheres Wesen, das alle Ihre Gedankengänge kennt (oder eine Naturgesetzlichkeit, die alles vorherbestimmt), ohne daß Sie darauf einen Einfluß haben? Gibt es so etwas wie Vorherbestimmung oder unausweichliches Schicksal? Die Anhänger dieses 'Determinismus' denken, daß wir in Wirklichkeit nicht über mehr freien Willen verfügen als eine Statue – und daß die Statue darüber hinaus noch den riesigen Vorteil hat, nicht nachzudenken.*
Um die 'Deterministen' bloßzustellen, stellte Jean Buridan (1300-1366?), Rektor der Universität von Paris, einen ausgehungerten und durstigen Esel auf halbem Weg zwischen einen Heuhaufen und einen Wasserbottich. Weil der Esel über keinerlei 'deterministisches Element' verfügte, das ihm 'schicksalhaft' vorgegeben hätte, womit er beginnen sollte, hätte er zugrunde gehen müssen. Weil aber tatsächlich sogar der Esel über ein Minimum an freiem Willen verfügte, gelang es ihm, sich zwischen Wasser und Heu zu entscheiden und einfach mit einem von beiden anzufangen. Wir werden wieder auf dieses Problem zurückkommen.
Der Philosoph Gottfried Wilhelm Leibniz (1646-1716) war der Ansicht, daß wir in der besten aller Welten leben und daß sie unmöglich verbessert werden kann: Jede Korrektur eines Irrtums, den der Schöpfer begangen haben könnte, würde zwangsläufig zu weit gravierenderen Verschlechterungen an einer anderen Stelle führen. Heute sind einige Umweltschützer mit ihren Visionen nicht weit von dieser Position entfernt."

In diesem Augenblick erkannte Scheherezade, daß der Morgen gekommen war, und schwieg.

Sechste Nacht
Der lange Marsch

Die Expedition konnte beginnen. Die Teilnehmer standen auf der Lichtung, von der alle Wege ausgingen. Nur ein Weg führte zum strahlenden Schloß der Prinzessin Gotha, aber sie wußten nicht, welcher. Der Prinzessin gefiel es gar nicht, daß sie in diesem Schloß leben mußte, bis ein fremder Prinz sie erlöste, auch wenn sie dort von den herrlichsten Büchern umgeben war. Das schönste der Bücher war ohne Zweifel das Buch der Weisheit, geschrieben von dem scharfsinnigen Pareto. Schahsaman, der Sammlerkönig, hatte sich eine Kopie davon gewünscht. Und daher bestand der Expeditionstrupp aus Schreibern, Mathematikern, Philosophen, dem Logiker Giaffar und dem Sohn des Königs, Sonne-des-Frühlings.

Sie wurden begleitet von dem Dschinn Iblis, der etwas über die unterschiedlichen Längen der einzelnen Wege wußte. Einer dieser Wege, der den Wanderer bis ans Ende seiner Kräfte forderte, führte zur entfernten Grenze des Königreiches. Wer ihm folgte, der kehrte nicht wieder zurück. Von den anderen Wegen waren einige kurz, einige mittellang und andere lang. Die dichten Bäume verhinderten, daß man die Länge des Weges vorher erkennen konnte. Und wenn man den richtigen Weg eingeschlagen hatte, erkannte man das Schloß erst, wenn man kurz vor seinen Toren stand.

Welchen Weg sollte die Reisegesellschaft nun also einschlagen?

„Nehmen wir einfach aufs Geratewohl einen Weg", schlug Giaffar vor, „und schauen, wohin er uns führt."*

Die ersten beiden Versuche blieben erfolglos, und die Stimmung verschlechterte sich bereits. Beide Wege waren Schleifen, die sie zum Ausgangspunkt, der Lichtung, zurückführten. Sie füllten zunnächst

---

* Der Dumme, der einfach losgeht, kommt weiter als der Schlaue, der sitzen bleibt und sich vor lauter Nachdenken nicht entscheiden kann.

ihre Vorräte wieder auf und starteten schließlich einen dritten Versuch.

„Nun laufen wir schon so lange,“ meinte Sonne-des-Frühlings nach einer ganzen Weile, „daß wir sicher bald das Schloß erreicht haben“.

„Unwahrscheinlich“, entgegnete Giaffar. „Wenn wir schon lange unterwegs sind, bedeutet dies nur, daß wir nicht auf einem der kurzen Wege sind, denn sonst wären wir ja schon angekommen. Und je weiter wir gelaufen sind, desto länger ist statistisch gesehen der Rest des Weges.“

„Exakt“, seufzte Iblis. „Die Länge der Wegstrecken wurde von dem Mathematiker Pareto festgelegt, dessen Buch wir kopieren wollen. Wenn man zum Beispiel drei Tage gewandert ist, dann ist der restliche Weg statistisch gesehen noch fünfmal so lang.“

„Oder anders ausgedrückt, die durchschnittliche Restlänge eines Weges ist proportional zu der bereits zurückgelegten Strecke …“, bestätigte Giaffar.

Die Philosophen wischten sich den Schweiß von der Stirn.

„Kehren wir um“, klagten die Träger. „Wir sind schon so weit gelaufen, wir müssen also auf einem der langen Wege sein. Wenn wir weiterlaufen, dann wird statistisch gesehen der Rest des Weges immer größer, und wir haben bald keinen Proviant mehr.“

„Vielleicht sind wir ja sogar schon auf dem Rückweg!“ rief Sonne-des-Frühlings. „Was ist, wenn wir wieder auf einem Rundweg zurück zur Lichtung sind?“

Das Geschrei der Aufklärer ließ sie verstummen: Sie hatten die Zinnen des Schlosses entdeckt, und sie waren endlich am Ziel.

Der große Saal des prachtvollen Schlosses war immer für Gäste vorbereitet, die jedoch nach Ansicht von Prinzessin Gotha viel zu selten kamen. Dort konnten sie sich erst einmal erholen. Und während die Schreiber das Buch der Weisheit kopierten, hing Gotha an den Lippen von Sonne-des-Frühlings, der ihr ausführlich von den Zweifeln erzählte, die sie auf ihrer Reise immer wieder überkommen hatten.

„Die korrekte statistische Betrachtung der Weglängen führte Euch also beinahe geradewegs in die Irre, mein lieber Prinz. Gerade in dem Augenblick, als Ihr am meisten Grund hattet, umzukehren, weil die statistische Restlänge des Weges nämlich am größten war, da wart Ihr am Ziel.“

„So ist halt das Leben", konnte Giaffar nur beipflichten. „Solche Situationen kommen ständig vor."

„Die Moral von der Geschichte", meinte Scheherezade, „ist also, daß man durchhalten muß und daß die letzte Viertelstunde am schwersten fällt. Der französische Mathematiker Benoît Mandelbrot hat mir diese Geschichte erzählt. Die Regel von der statistischen Länge der Restwege, die Pareto aufgestellt hat, findet auch bei der Verteilung von Einkommen ihre Anwendung. Je mehr Geld Sie verdienen, desto größer wird der Unterschied zwischen Ihrem Einkommen und dem Durchschnitt der Einkommen der Leute, die reicher sind als Sie. Das ist natürlich besonders frustrierend für diejenigen, die zu den Reichsten gehören wollen. Auch für Börsenkurse gilt ähnliches: Wenn die Chance, an Kurssteigerungen zu profitieren, bei einer Aktie am höchsten scheint, weil sie schon lange ununterbrochen steigt, dann bricht sie plötzlich ein ..."

In diesem Augenblick erkannte Scheherezade, daß der Morgen gekommen war, und schwieg.

Siebte Nacht
Vom Wandel der Welt

Irwana war glücklich. Wie hätte es auch anders sein können? Ihre Diener waren ihr treu, ihr Mann großzügig und gerecht, ihr Wohlstand solide, und ihr Vater, König Schahsaman, sammelte eifriger denn je. Aber ach! Wie oft führt Wohlergehen zu Langeweile. Was man besitzt, kann man sich nicht mehr wünschen, und ein erfüllter Traum ist ein Verlust. Und weil sie romantisch veranlagt war, träumte sie vom stillen Reiz der unerfüllten Wünsche. Gedankenverloren streichelte sie die beiden Hunde, die in ihrer Nähe spielten.

Dschinn Iblis erschien, wie immer getaucht in bernsteinfarbenes Licht.

„Ich weiß, was du denkst", meinte er verschmitzt. „Du überlegst, ob sich dieser Hund wohl in einen charmanten Prinzen verwandeln könnte."

Irwana errötete: Der Dschinn konnte ja ihre Gedanken lesen. Sie war etwas beunruhigt, was er dann noch alles über sie erfahren konnte.

„Ich will diesen Hund gar nicht verwandeln; ich frage mich nur, ob es möglich wäre! Du kennst doch auch diese Geschichten, in denen sich Hunde in Drachen verwandeln, und Kröten im Bett von Prinzen zu hübschen Prinzessinnen werden."*

„Solche Geschichten erzählen vor allem die Prinzen hinterher ihren Ehefrauen", schmunzelte Iblis. „Es stimmt schon, Lebewesen verändern sich, aber nicht so schnell."

Irwana wurde nun doch neugierig.

---

*   Ähnlich verhielt es sich mit manchen Fröschen, die sich, von Jungfrauen geküßt, in einen hübschen Prinzen verwandelten. Leider gelang es auch früher schon – ganz im Einklang mit dem Murphy-Prinzip – nur allzu selten, an einen solchen verwunschenen Frosch zu geraten, und daher hat sich diese Tradition mit der Zeit verloren.

„Du zum Beispiel ähnelst deinem Vater, meine liebste Irwana, mit Ausnahme seiner dicken Nase. Jeder ähnelt seinen Eltern, aber von Zeit zu Zeit treten auch Veränderungen auf.* Diese sind oft nur winzig, aber dennoch können sie sich im Laufe vieler Generationen ansammeln und letztlich zu einer neuen Art führen, wenn durch sie das Überleben begünstigt wird. Der Hund und du, ihr habt die gleichen Vorfahren, die vor über 100 Millionen Jahren lebten", erläuterte Iblis.

„Davon möchte ich mich gerne einmal selbst überzeugen. Ich bin bestimmt nicht mit diesem Kläffer verwandt."

Sie tätschelte dem Hund die Nase. Das Tier vermutete ein neues Spiel, jaulte kurz auf und biß zu. Zwei Tropfen dunkles Blut perlten über ihre Alabasterhaut.

Iblis heilte die Wunde durch einen kurzen Puster und schickte mit einem Stirnrunzeln die Hunde weg.

„Laß uns doch einfach eine Zeitreise machen, Irwana, und dann schauen wir uns die Evolution der Arten einmal an."

„Aber nicht die der Hunde. Ich interessiere mich eher für meine eigenen Vorfahren", meinte sie.

„Alle Säugetiere und die Menschen haben gemeinsame Vorfahren, meine liebe Irwana."

Irwana zog einen Schmollmund. Trotz einiger persönlicher Qualitäten, die sie dieser Abstammung zu verdanken hatte, bedauerte sie ihre Verwandtschaft zu den Säugetieren.

Am liebsten wollte sie diese Angelegenheit unter den Teppich kehren, doch schon saß sie auf einem solchen, und sie flogen über die Erde, so wie sie vor 100 Millionen Jahren beschaffen war.

Durch Steppen mit Farnen und Riesenschachtelhalmen stampften gemächlich die Dinosaurier. Die beiden Reisenden betrachteten die Gegend, die später einmal die Mongolei werden sollte, und Iblis entdeckte Proceratops, die sich um ihre Eier kümmerten.

„Die Dinosaurier legen nämlich Eier", erklärte er. „Deshalb sind sie nicht unsere direkten Vorfahren. Schau nur, wie die Elterntiere ihre Jungen füttern."

---

* Alle Menschen sind unterschiedlich; in dieser Beziehung sind sie alle gleich.

Irwana fühlte sich nicht besonders von den Tieren angezogen.

„Was sind die groß, dick und häßlich!" rief sie aus. „Ich frage mich, wie sie sich gegenseitig erkennen können – oder gar lieben!"

„Sie haben bestimmt ihre Reize füreinander, anderenfalls würden sie sich nicht fortpflanzen. Siehst du dort diesen Cimolestus?" fragte er.

„Diese kleine dicke Ratte?"

„Genau. Und die, schöne Irwana, gehört zu deinen direkten Vorfahren – es handelt sich hier um eines der ersten Säugetiere."

Irwana blieb skeptisch. Sie strich sich ihr Kleid zurecht, und Iblis hatte den Eindruck, ihrer Meinung nach hätten die Säugetiere zumindest ästhetische Fortschritte gemacht. Plötzlich schrie sie:

„Dort! Schau nur, dieser Tyrannosaurus. Er hat garade den Cimolestus aufgefressen."

„Das ist ein Tyrannosaurus rex, ein Fleischfresser."

„Der ist ja wirklich abscheulich! Laß uns zurückfliegen", bat Irwana.

Sie machten sich auf den Rückweg durch die Zeit, legten aber vor 65 Millionen Jahren noch einmal einen Zwischenstopp ein. Die Erde war gerade in einem schlimmen Zustand. Überall fanden Vulkanausbrüche statt, ein Meteor hatte die Erdkruste durchschlagen, und die Atmosphäre war voller Staub und Ruß. Es war sehr kalt. Die meisten Grünpflanzen waren eingegangen, und die beiden Reisenden konnten beobachten, wie die Dinosaurier sehr schnell aus der Tierwelt verschwanden. Unter diesen Umweltbedingungen gab es für sie keine Überlebenschancen.

„Auf Nimmerwiedersehen!" rief Irwana ihnen nach. „Wir werden euch nicht vermissen."

„Aber es gibt heute immer noch Dinosaurier", meinte Iblis. „Zu ihren Nachkommen zählen zum Beispiel die Vögel – wie der Vogel Roch, mit dem du manchmal deine Ausflüge unternimmst."

Irwana erbleichte. Iblis wußte ja wirklich über alles Bescheid. Rasch wechselte sie das Thema.

„Ich kann gar nicht unser schönes Samarkand sehen; ich sehe noch nicht einmal Indien!"

„Die Welt, die ja viel weiter reicht als bis zu den Qaf-Bergen*, hat sich seit damals stark verändert, und vor 60 Millionen Jahren lag Indien noch in der Nähe von Afrika. Wir schauen uns das ein andermal an. Siehst du dort unten Australien, das sich langsam von der Antarktis ablöst?"

„Dort geht es den Dinosauriern besser, leider ..."
Gefühlsduselei gehörte nicht zu Irwanas Schwächen.
Der mächtige Flügel eines schwerfällig dahinfliegenden Pterosaurus streifte ihren Teppich, als sie sich einem Hypsolophodontidon näherten, das sie mit riesigen Kulleraugen anglotzte.**
„In dieser Weltgegend sind die Tiere an die Kälte und die lange Dunkelheit der Polarnächte gewöhnt. Daher haben auch die Hypso-

---

* Damals das vermutete Ende der Welt.

** Für die finalistischen Naturforscher war es kein Problem, daß sich ausgerechnet vor den Augenöffnungen keine Haut bildet. Ihre Argumentation enthielt überhaupt viel Anthropomorphismus. So erklärte Bernhard von St. Pierre, daß Flöhe von Natur aus helle Oberflächen bevorzugen, damit wir sie auf unserer Haut leichter entdecken.

lophodontidons so große Augen. So können sie das wenige Sonnenlicht, das durch die Asche- und Staubschicht dringt, besser ausnutzen. Doch auch diese Dinosaurier haben nur noch einen letzten Aufschub. In einigen Millionen Jahren werden auch sie verschwunden sein."

„Und wir Säugetiere nehmen dann ihren Platz ein", ergänzte Irwana.

„Genau. Ihr Säugetiere werdet euch dann einige Dutzend Millionen Jahre lang vermehren. Dabei werden die Nager und die Insektenfresser mehr Arten entwickeln als Deine Familie, die der Primaten."

Irwana fragte den Dschinn:

„Und wer waren deine Vorfahren, mein lieber Iblis?"

Iblis errötete. Irwana interessierte sich für ihn und seine Ahnen!

„Wir stammen von den ersten Geistern ab, die die Menschen zur Hilfe gerufen hatten, die Geister der Jagd und des Fischfangs. Wir leben in den Köpfen der Menschen und kommen in vielen verschiedenen Erscheinungsformen vor: Elfen und Zwerge der keltischen Moore, Drachen im Reich der Mitte, die Manitus der Indianer und die Finanzexperten der modernen Welt, die ihre seherischen Fähigkeiten auf den Lauf der Wirtschaft anwenden."

„Die Menschen glauben, ihr wißt, was sie nicht wissen. Das wäre dann euer Überlebensvorteil. Und damit wärt ihr sogar unsterblich!"

„Zumindest solange es Menschen gibt", fügte Iblis bescheiden hinzu.

Im weiteren Verlauf ihrer Heimreise konnte Irwana die ganze Evolution der Tier- und Pflanzenwelt beobachten, aber sie erkannte weder Ursache noch Mechanismus. Sie wollte gerade Iblis danach fragen, als der Teppich im Palasthof niederging. Adjib und die Hunde erwarteten sie schon ungeduldig.

„Ich habe gerade etwas Tolles auf der Jagd erlebt", meinte Adjib und zeigte einige Gesteinsbrocken.

„Mein Pfeil hat das Wildschwein verfehlt und ist gegen einen Felsen geprallt, wo ich dann diese Versteinerungen gefunden habe. Das muß ein Riesentier gewesen sein. Was denkst du, Irwana?"

Sie zögerte keine Sekunde: „Na klar, ein *Tyrannosaurus rex*!"

„Der gemeinsame Vorfahr von Irwana und den Dinosauriern lebte vor etwa 300 Millionen Jahren. Es handelte sich um ein Reptil,

das unseren heutigen Eidechsen ähnelte", erklärte Scheherezade weiter. „Die Säugetiere traten zum ersten Mal am Ende des Erdzeitalters Trias in Erscheinung, vor etwa 220 Millionen Jahren. Von ihnen sind uns so viele Versteinerungen erhalten, daß sie teilweise als Leitfossilien bei geologischen Grabungen dienen: Wo sie zu finden sind, kann man den Gesteinsschichten ein bestimmtes Alter zuordnen. Die Säugetiere unterscheiden sich von den säugerähnlichen Reptilien durch die Verschmelzung des Unterkiefers zu einem einzigen Knochen und die Bildung zweier neuer Ohrknöchelchen. Säugetiere und Dinosaurier haben also lange gemeinsam gelebt; die Artenexplosion der Säugetiere fällt zeitlich mit dem Verschwinden der Saurier zusammen.
Allerdings bedeutet eine Zeitgleichheit von zwei Ereignissen nicht automatisch eine Ursache-Wirkung-Beziehung. So wurde vor einigen Jahrzehnten gezeigt, daß das Verschwinden der Störche im Elsaß mit einer sinkenden Kinderzahl einherging. Damit schien für einige die alte Volksweisheit bestätigt, daß der Storch die kleinen Kinder bringt ..."

In diesem Augenblick erkannte Scheherezade, daß der Morgen gekommen war, und schwieg.

Achte Nacht
Der erste Vogel

Im Palast wimmelte es von Paläontologen. König Schahsaman hatte sich natürlich für Adjibs Entdeckung interessiert und Bogenschützen über das ganze Land geschickt. Diese schossen Pfeile in alle Richtungen ab und entdeckten so auf die gleiche Art wie Adjib dann und wann Versteinerungen, die sie zum Palast brachten. Der König hatte eine neue Sammlung begonnen. Einige Spuren auf den Gesteinsbrocken ähnelten keinem einzigen bekannten Tier, aber es waren doch eindeutig Knochenreste.

„Ist es nicht erstaunlich, daß einige Arten völlig verschwunden sind?" fragte sich der Hofmeister.

„Mindestens so erstaunlich wie die Tatsache, daß neue dazugekommen sind", warf Adjib ein.

„Das eine geht nicht ohne das andere", erklärte schließlich einer der Paläontologen.

Ein großer Tumult und Stimmen von draußen unterbrachen ihre tiefgründigen Erörterungen. Ein bunter Zug trat vor die Versammlung. Man hatte ein neues Fossil entdeckt! Der Emir der Provinz, in der die Entdeckung stattgefunden hatte, stolzierte mit geschwellter Brust vorneweg. Dann folgte der Entdecker, der Bauer Abnus, der das in ein Tuch eingewickelte Fundstück krampfhaft festhielt. Und der Paläontologe Barhâm, den vor Aufregung fast der Schlag zu treffen drohte, lief von einem zum anderen, um seine Theorie zu erläutern.*

„Legt schon mal meinen guten Anzug zurecht und alle meine Orden", rief er erregt. "Ich werde gewiß den Preis von Stok-Kholm bekommen. Ich habe den ersten aller Vögel entdeckt!"

---

* Diesem berühmten Forscher war bereits der Nachweis zu verdanken, daß die Beine der Dinosaurier genau die richtige Länge hatten, um den Boden zu erreichen.

Schahsaman ließ Erfrischungen und einen kleinen Imbiß reichen. Als sich der Tumult wieder gelegt hatte, packten sie das Objekt aus.

„Seht ihr hier bei diesem Fossil eines fliegenden Reptils die Ansätze von Federn an den Beinen?" fragte Barhâm. „Es handelt sich also um einen Vogel, einen sehr alten Vogel."

„Woher wißt Ihr, daß er alt ist?" fragte Schahsaman.

„Ich kenne das Gestein, in dem ich ihn gefunden habe", erläuterte Barhâm. „Diese sehr alte Kalksteinschicht hat sich vor etwa 100 Millionen Jahren gebildet. Was für ein Fund! Ruhm und Ehre warten auf mich, Preise, Akademien, Orden und Sponsoren! Meine Rente ist gesichert, und endlich kann ich meiner Tochter eine ordentliche Mitgift geben ..."

„Das Gelände steht unter meiner Verwaltung", unterbrach ihn der Emir. „Das Fossil gehört mir. Ich werde ein Museum gründen, das meinen Namen trägt. Ein bißchen mehr Ruhm könnte auch meiner Familie nicht schaden. Außerdem muß auch ich noch eine Tochter verheiraten ..."

„Der Felsbrocken gehört mir", schaltete sich jetzt auch noch Abnus ein. „Ich habe ihn niemandem gegeben. Ich werde ihn teuer verkaufen, o barmherziger König. Meine Betriebskosten steigen und steigen, und schließlich muß ich demnächst meine Tochter verheiraten."

Das Problem war heikel. Schahsaman tendierte zu der Einstellung, daß das Fossil selbstverständlich ihm, dem König, gehöre. Diplomatisch wechselte er das Thema.

„Zuerst kommt natürlich die Wissenschaft. Erklärt uns, weiser Barhâm, die Geschichte dieses Vogels."

„Meines Vogels", korrigierte Abnus.

„Auf der Reise hierher habe ich dieses Rätsel bereits gelöst. Der Vogel soll Archeopteryx heißen. Es ist evident, daß er eng verwandt ist mit einem kleinen Saurier namens Compsognathus, von dem Ihr bereits ein Fossil in Eurer Sammlung habt. Archeopteryx war ein guter Läufer, der auch auf Bäume kletterte. Die Klauenform seiner Pfoten zeigt, daß er sich gut an Zweigen festhalten konnte. Beim Herunterspringen flatterte er mit den Armen, und weil er Federansätze hatte, konnte er den Aufprall etwas abmildern – ein klarer Überlebensvorteil."

Der Palastastrologe mischte sich ein. Er konnte es kaum verwinden, daß er nicht mehr der einzige Wissenschaftler war, der etwas zu sagen hatte. „Zum Teufel mit diesen Paläontologen", dachte er und meinte zum König:

„Diese Scharlatane wollen Euch betrügen. Sie haben bloß ein paar Federn auf irgendein anderes Fossil geklebt, um sich interessant zu machen. Das Ding ist eine Fälschung!"

„Ihr seid ja bloß neidisch", schnaubte Barhâm. „Die Evidenz steht außer Frage. Und ein Falsifikat hätte bei den hier versammelten Experten nicht den Hauch einer Chance ..."

Schahsaman war die öde Diskussion allmählich leid.

„Wie sind diese Federn denn entstanden?" fragte er Barhâm.

„Es handelt sich hier um die Abwandlung von Reptilienschuppen." Für den Wissenschaftler war die Sache klar. „Wie Ihr wißt, ehrwürdiger Herrscher aller Gläubigen, ereignen sich bei der Fortpflanzung der Tiere manchmal Fehler. Wenn die Tiere dadurch einen Überlebensvorteil gewinnen, entgehen sie zum Beispiel eher ihren Jägern.

Oder sie finden leichter Nahrung. So können sie sich besser und stärker vermehren, und die Veränderung bleibt erhalten."*

„Dennoch ist die Umwandlung einer Schuppe in eine Feder eine sehr große Veränderung", wandte der Astrologe ein. „Es ist kaum vorstellbar, daß eine solche Entwicklung zielgerichtet stattgefunden hat, selbst wenn man sich vorstellen könnte, daß die Federn den Tieren zum Wärmen gedient haben, bevor sie sie zum Fliegen benutzten."

Irwana hörte der Diskussion gespannt zu. Sie dachte an ihre Reise durch die Zeit, bei der sie so viele fantastische Geschöpfe gesehen hatte. Ein Punkt ließ ihr keine Ruhe.

„Und warum sind die Dinosaurier ausgestorben?" fragte sie.

„Weil sich ihre Umgebung änderte und sie sich nicht daran anpassen konnten", erklärte nun Iblis. „Die kleineren Säugetiere dagegen haben ihre Artenvielfalt vergrößert und sich weiterentwickelt, bis die Evolution schließlich das Wunder vollbracht hat, daß ihr hier vor euch seht: Irwana."

Iblis strahlte, doch gleich verdarb ihm der Astrologe wieder seinen Triumph.

„Und warum haben sich die Umweltbedingungen verändert?" bohrte er nach.

„Über diesen Punkt streiten sich die Geister", meinte der Dschinn. „Einige glauben, daß ein Meteor die Erde getroffen hat und daß der Einschlag zu gewaltigen Bränden und Rauchwolken geführt hat. Andere behaupten, eine riesige Vulkaneruption habe mit ihren Aschewolken die Atmosphäre verfinstert. Ich dagegen kenne die richtige Lösung: Tatsächlich hat sich ..."

In diesem Moment krachte ein Donnerschlag, und Damvirat, der oberste aller Dschinns, erschien. „Schweig, Iblis! Dieses Geheimnis müssen die Menschen ganz alleine herausfinden ..."

---

* Dieses oft als „Gesetz des Stärkeren" bezeichnete Prinzip diente immer schon als Argument, die Position der Erfolgreichen weiter zu festigen. Doch wer ist „der Stärkere"? Die Gelehrten halten ihre privilegierte Position durch ihre höhere Intelligenz für gerechtfertigt, Reichen dient ihr Geschäftssinn als Rechtfertigung usw. Sie alle verwechseln günstige Umweltbedingungen (z.B. Nachfrage) mit eigenen, angeblich überlegenen Fähigkeiten.

„In der Mitte des 19. Jahrhunderts entwickelte der Naturforscher Charles Darwin eine Theorie über die Entstehung der Arten", erzählte Scheherezade weiter. „Nach Darwins Vorstellungen überlebt der am besten Angepaßte. Doch wer ist 'am besten angepaßt'? Zumindest bei den Menschen ist dies weder der Stärkste noch der Intelligenteste, denn hier regieren Dummheit und Mittelmaß. Als 'beste Anpassung' könnte man die Eigenschaften derjenigen definieren, die letztendlich weiterkommen. Damit könnte man den Darwinismus so zusammenfassen, daß diejenigen am besten zum Überleben geeignet sind, die überleben, meinte Charles Fort. Die Entdeckung der Erbsubstanz DNA und der Auswirkungen von Mutationen auf die Funktion von Organismen hat die Forschung einen Schritt weiter gebracht."

In diesem Augenblick erkannte Scheherezade, daß der Morgen gekommen war, und schwieg.

Neunte Nacht
Die letzte Dinosaurierin

Alle waren bereit für die Vorstellung. Eine Operette war angekündigt, ihr Titel: *Die letzte Dinosaurierin.* Der Hofstaat hatte sich um den König geschart, der gleich zwei Sessel einnahm. Die anderen Zuschauer saßen auf unbequemen Klappstühlen, wie das leider oft so üblich ist bei kulturellen Veranstaltungen. Weil solche Ereignisse mit naturwissenschaftlichen Themen im Palast nicht gerade an der Tagesordnung waren, wartete man ungeduldig.

Endlich zogen die Schauspieler ein. Die Hauptdarstellerin trug ein enganliegendes, smaragdgrünes Kostüm mit Goldpailletten. Das Spektakel begann.

Die Dinosaurierin:
Vom Saurierstamm bin ich die Letzt',
Aussterben werden wir wohl jetzt:
Mein starker Held ist tot – und fort.
Ohn' Kind wart' ich an diesem Ort.

Chor der Jungfrauen:
Die Dinosaurierin, die Diva -
Man wußt' es gleich, ja so wie die war ...

Die Dinosaurierin:
Hab' alle Dinos fortgeh'n seh'n,
Jetzt muß allein hier rum ich steh'n.
Bevor mein Stamm stirbt gänzlich aus,
Muß ein Saurier mir ins Haus.

Chor der grünen Juristen:
Das soll Euch eine Lehre sein:
So schnell stellt man sich selbst ein Bein!

Die Artenschutzkonvention?
Was macht das schon …

Die Krokodile:
Wir sind die Krokodile:
Von uns gibt's noch ganz viele.
Komm her zu uns, du schönes Kind,
Mit deinem warmen Blut geschwind.

Die Dinosaurierin:
Ihr Krokodile kommt mir recht,
Von eurem Atem wird mir schlecht.
Häßlich seid ihr und viel zu dumm
Und hängt den ganzen Tag nur rum.

Die Krokodile:
Uns gibt's schon seit dem Tertiär,
Ob dumm, ob schlau – juckt uns nicht sehr.
Uns gibt's auch noch am Jüngsten Tag,
Was man von euch nicht sagen mag.

Die Dinosaurierin:
Ihr Bestien, bleibt mir bloß vom Hals,
Mit euch, das wird nichts – keinesfalls!
Ihr denkt, ich sei eure Scarlett,
Doch ich will Tyrannosau'r Rhett!

Die Krokodile:
Und die Moral von der Geschicht',
Selbst Meteoren zwingen's nicht.
So müssen wir – 's fällt leicht nicht eben –
Halt ohne Krokosaurier leben.

Mit dieser dramatischen Wendung endete das Spektakel.

„Interessant", fand Schahsaman, „und dann dieser sozialkritische Aspekt! Mir hat diese junge Schauspielerin gut gefallen."

„Eine Schmierenkomödiantin aus der Provinz!" meinten Irwana und Laab verächtlich wie aus einem Munde.

„Und erst diese Krokodile, die die Dinosaurier retten wollen", warf der Paläontologe ein. „So ein Unsinn! Das sind doch zwei ver-

schiedene Tierarten; es hätte überhaupt nichts gebracht, wenn sie Sex miteinander gehabt hätten."

„Warum sind denn die Dinosaurier jetzt eigentlich ausgestorben?" wollte Laab wissen.

„Weil sie zu groß, zu dick und zu dumm waren", antwortete Irwana.

„Aber nein, schon wieder falsch", mäkelte der Paläontologe. „Eine Art stirbt nicht einfach so aus. Im Gegenteil, im Laufe der Zeit verbessert sie sogar ihre Überlebenschancen. Eine Art stirbt dann aus, wenn sich die Umweltbedingungen ändern und sich die Individuen nicht rasch genug anpassen können."

„Und warum haben die Krokodile überlebt, und wie konnten sie sich ernähren?" fragte die junge Zephyra.

„Das weiß niemand. Darauf hat die Wissenschaft noch keine Antwort."

Die junge Hauptdarstellerin trat zum König, und sie machten sich gegenseitig Komplimente.

„Mein Gott, ist die eingebildet!" flüsterte Laab Irwana zu. „Aber man weiß ja: Krokodile lieben Frischfleisch. Und vielleicht will unser guter König ja heute Abend auch noch die Dinosaurier retten ..."

„Die Krokodile gehören zur Ordnung der Reptilien, zur Verwandtschaftsgruppe der Archosaurier", erklärte Scheherezade. „Hierzu gehörten ebenfalls die Dinosaurier und die Pterosaurier, also Flugsaurier. Diese Reptilien sind vor etwa 200 Millionen Jahren erschienen. Versteinerte Krokodile werden häufig gefunden und gehören zu den ersten untersuchten Fossilien. Vor 20 Millionen Jahren gab es recht viele Alligatoren und krokodilähnliche Gaviale in Europa, die dann vor etwa 5 Millionen Jahren ausstarben, weil das Klima wesentlich kühler und trockener geworden war. Heute werden die Krokodile vor allem durch den Menschen bedroht. Man muß sich wohl entscheiden zwischen Handtaschen aus Krokoleder und den letzten Vertretern der urzeitlichen Saurier ..."

In diesem Augenblick erkannte Scheherezade, daß der Morgen gekommen war, und schwieg.

Zehnte Nacht
Liebesspiele

Die junge Zephyra war schlecht aufgelegt. Ihre Mutter hatte sie in ein pompöses Kleid aus Seide und Brokat gezwängt, weil der mächtige Harun al Raschid, Sultan aller Sultane, zu ihnen auf Besuch kam. Zephyra sollte ein Gedicht aufsagen, und zwar am Ende der Mahlzeit. Die aber dauerte. Vor lauter Aufregung war sie schon vorher fix und fertig.

„Diese blöden Gedichte sind alle gleich", grummelte sie. „Immer die gleichen Königssöhne, die irgendwelche Prinzessinnen lieben und umgekehrt. Und am Schluß dürfen sich die Frauen dann hingeben. Für meinen Professor sind das alles 'psychologische Studien'. So kann man das natürlich auch nennen. Und dazu ist in meinem Gedicht noch alles völlig verzwickt."

Tatsächlich hatte das Einstudieren diesmal ewig gedauert, und Irwana war ganz besonders pingelig gewesen. Sie hatte sogar von Zephyra verlangt, „spontaner zu sein".*

Endlich war es soweit. Ihre Mutter ließ sie rufen. Mit einem kräftigen Stoß öffnete Zephyra die Tür und trat in den Saal. Mit ihrem schweren Kleid watschelte sie eher wie eine Ente, und auch ihre Begrüßung geriet etwas linkisch.

Auf ein wohlwollendes Zeichen des Herrschers aller Gläubigen hin legte sie dann jedoch los und ratterte ihr ganzes Gedicht in einem Zug herunter:

Prinz Zedakor liebt Prächtige Seele,
doch das reizende Kind hat andres im Sinn
Sie schwärmt für Abdul, der ihr doch so fehle,
aber der geht viel lieber zu Rimamur hin.

---

* Dabei läßt sich kaum etwas schwieriger improvisieren als Spontaneität …

Rimamur schließlich – Ihr habt's Euch gedacht –
hätt' Zedakor sich so gern angelacht.

Und so weiter und so fort. Es folgten noch viele weitere Strophen, die ich Euch hier erspare, und etwas außer Atem kam sie endlich zum Schluß. Ihr war ganz schwindlig nach all diesen enttäuschten Liebesbeziehungen. Sie wollte sich gleich zurückziehen, aber der Herrscher winkte sie zu sich heran.

„Wie findest du denn diese Geschichte?" wollte er von ihr wissen.

„Meiner Mutter gefällt sie, aber ich persönlich finde sie ziemlich dumm, o Sultan. Die Lösung liegt doch auf der Hand: Sie bräuchten bloß alle zusammenzuziehen. Und dann noch das übliche Happy End – zum Gähnen."

„Wieso Happy End?" fragte der Emir. „Das mußt du mir jetzt noch erklären."

Sie raffte ihr Kleid und faßte sich kurz.

„Es heißt doch: 'Die Freunde meiner Freunde sind auch meine Freunde.' Wenn also Zedakor Prächtige Seele liebt, die wiederum Abdul liebt, dann liebt Zedakor Abdul. Und weil Abdul Rimamur liebt, liebt Zedakor ebenfalls Rimamur – und findet seine Liebe erwidert. Damit ist alles in Butter, und basta! Für die drei anderen gilt das gleiche, denn wir haben hier ja einen Zirkelschluß."

Sie erhob sich und wollte gehen. Irwana durchbohrte sie mit Blicken …, aber der Emir zeigte sich amüsiert.

„Eure Tochter ist recht intelligent, aber mit der Logik hapert es noch etwas", meinte er zu Irwana. „Denn Liebesbeziehungen verhalten sich nicht transitiv."

„Da habt Ihr gewiß recht, edler Prinz", nickte Irwana erleichtert.

„Laßt mich das mit der Nicht-Transitivität einmal erklären", schaltete sich nun Harun al Raschid ein. „Wenn A B liebt und B liebt C, dann folgt daraus keineswegs zwangsläufig, daß A auch C liebt. Stellt Euch vor, geschätzte Irwana, Ihr liebtet mich und nutztet die

Abwesenheit Eures Ehemannes aus, um mir das zu zeigen. Ich zweifele stark, daß Adjib mich hinterher noch besonders sympathisch fände.“

Irwana schwieg irritiert. Was hatte das nun schon wieder zu bedeuten?

Nun meldete sich Zephyra zu Wort.

„Aber so verhält es sich doch in anderen Fällen auch, mein lieber Harun. Wenn ich reicher bin als du, und du bist reicher als mein Vater, dann bin ich damit auch reicher als mein Vater. Ich bin größer als meine Schwester, und diese ist größer als unser neugeborenes Brüderchen, und damit bin ich auch größer als dieser kleine Schreihals.“

Zephyra suchte sich immer die angenehmsten Rollen aus.

„Es ist aber nicht immer so“, versicherte ihr Harun. „Denke doch einmal an das bekannte Kinderspiel mit Schere, Blatt und Stein. Blatt schlägt Stein, denn es kann ihn einwickeln. Stein schlägt Schere, denn er kann sie schleifen. Aber Blatt schlägt nicht Schere, sondern umgekehrt, denn die Schere kann das Blatt zerschneiden. Hier liegt keine transitive Regel vor.“

Jetzt hatte es Zephyra die Sprache verschlagen.

Unterdessen war Adjib verspätet von der Jagd zurückgekehrt und schaltete sich in die Konversation ein.

„Der König von Persien hat mir neulich eine ähnliche Geschichte erzählt. Die Frauen seines Harems sollten sich einen neuen Palast aussuchen. Sie hatten die Wahl zwischen den Schlössern von Arbalan (A) und Bensur (B) und entschieden sich für Bensur. Dann erbte der König das Schloß Crimsir (C), und der König forderte die Frauen auf, sich zwischen Bensur und Crimsir zu entscheiden. Hier fiel die Entscheidung zugunsten von Crimsir. Kurz vor dem Umzug forderte dann eine der Frauen noch eine Abstimmung zwischen Arbalan und Crimsir. Und die gewann dann Arbalan! Jetzt war der König perplex. Daß B beliebter war als A und C beliebter als B bedeutete nicht, daß C beliebter war als A."

„Das ist eine der Schwierigkeiten der Demokratie", schloß Harun al Raschid.

„Oder das kommt davon, wenn man sich einen Harem hält. Wäre es nicht empfehlenswerter, sich mit einer einzigen treuen und liebenden Ehefrau zu begnügen?" meinte Irwana mit einem Blick auf ihren Gatten. „Ich hoffe, daß Adjib niemals solche Probleme hat."

„Ganz gewiß nicht," antwortete dieser, „denn ich habe ja keine drei Paläste".

„Die Arbeiten von Antoine Condorcet (1743-1794) über Entscheidungsverfahren wurden von Mathematikern wieder aufgegriffen, insbesondere von Kenneth Arrow", erklärte Scheherezade weiter. „Im Jahre 1951 stellte Arrow eine Liste von fünf Bedingungen auf, die von jedem zufriedenstellenden Entscheidungsverfahren erfüllt werden müssen. Er zeigte weiter, daß in einigen Fällen mindestens eine dieser Bedingungen nicht zu erfüllen ist und daß es hier kein optimales Entscheidungsverfahren geben kann. Diese Entdeckung gehört zu den sogenannten Negativbeweisen: Sie beweisen, daß etwas nicht geht, und Lösungen für Probleme, die durchaus erreichbar schienen, rücken damit in unerreichbare Ferne. So konnten schon die Griechen der Antike zeigen, daß die Quadratwurzel der Zahl 2 nicht durch einen Bruch dargestellt werden kann. Werner Heisenberg (1901-1976) hat in seiner Unschärferelation gezeigt, daß es prinzipiell unmöglich ist, gleichzei-

tig die exakte Position und die Geschwindigkeit eines Teilchens zu bestimmen. Kurt Gödel (1906-1978) zeigte, daß eine mathematische Theorie, die in sich widerspruchsfrei ist, nicht alle in ihr wahren Aussagen beweisen kann. Hieraus folgt, daß die meisten formalisierten Theorien der Mathematik nicht in der Lage sind, ihre eigene Widerspruchsfreiheit zu beweisen. Diese Befunde verstärken unseren persönlichen Eindruck, daß mathematische Wahrheiten bereits vor ihrer Entdeckung existieren – denn wären es Erfindungen von Menschenhand, hätte man sicher Wege gefunden, solche Schwierigkeiten zu umgehen."

In diesem Augenblick erkannte Scheherezade, daß der Morgen gekommen war, und schwieg.

Elfte Nacht
Macht Affen, nicht Krieg!

Nachdenkliche Irwana! Ihre Verwandtschaft mit den Affen machte ihr zu schaffen. Bei Krisen intellektueller Art wie dieser brauchte sie die Hilfe von Iblis, auch wenn Adjib nicht davon begeistert war. Aber so ist das Leben … Sie brauchte den Geist gar nicht erst zu rufen – schon war er da.

„Ich schaue mir diesen Hund an und komme mir ganz komisch vor bei dem Gedanken, daß ich eigentlich auch so ein Tier sein soll", sagte Irwana. „Wenn ich daran denke, daß wir beide zu den Säugetieren gehören … Was unterscheidet eigentlich den Menschen von den anderen Säugetieren?" wollte sie von ihrem Dschinn wissen.

„Eine gute Frage", antwortete dieser, „und ziemlich ungeklärt … Lange Zeit war man der Ansicht, es sei die Fähigkeit, in Gruppen Krieg zu führen, aber dann entdeckte man, daß auch Ratten dazu in der Lage sind. Oder die Benutzung von Werkzeugen, aber die findet man auch bei Affen. Vielleicht ist es die ständige sexuelle Bereitschaft der Menschenfrauen."

Irwana hörte interessiert zu. Mit Iblis konnte sie sich so gut unterhalten, weil die Geister frei sind von diesen Schwächen, die die Beziehungen zwischen Menschen oft so durcheinanderbringen.

„Welche Säugetiere sind denn den Menschen am nächsten verwandt? Wahrscheinlich die Schimpansen, die mein Vater oft stundenlang in seinem Zoo betrachtet", fragte sie.

„Nicht unbedingt," antwortete der Dschinn, „vielleicht sind es eher die Bonobos. Laß uns ihnen einen Besuch abstatten."

Irwana war begeistert. Sie hatte einen neuen fliegenden Teppich, ein Luxusmodell. Ihr Mann hatte ihn ihrem früheren Verehrer Yatagan abgekauft, der sich stets mit den allerneuesten Teppichmodellen über seinen ständigen Liebeskummer hinwegtröstete und die Modelle des Vorjahres für einen Spottpreis abstieß.

Irwana brauchte eine ganze Weile, um sich fertig zu machen, aber Iblis wartete ohne Ungeduld. Neugierig schaute er sich die Sonderausstattung des Teppichs an. Schließlich hoben sie ab und flogen bald über Zentralafrika. Sie landeten auf einer sonnigen Lichtung im Kongo, auf der sich etwa ein Dutzend Affen tollten: Bonobos.

„Nehmt Euren komischen Tropenhelm ab, Doktor Livingstone", neckte Iblis. „Du könntest sogar einem Gorilla Angst machen."

Irwana gehorchte.

„Schau nur diese Gruppe von Weibchen, die gerade Bananen essen. Und das Männchen dahinter hätte auch gerne welche. Aber wie er sich auch anstellt, die Weibchen kümmern sich kaum um ihn. Er streckt sogar die Hand aus, wie die Armen bei meinem Vater, dem König Schahsaman."

„Aber die Weibchen gehen überhaupt nicht darauf ein! Jetzt sind sie fertig, und das arme Männchen muß mit ihren Resten vorlieb nehmen."

„Ladies first! Eine hochzivilisierte Gesellschaft, diese Bonobos", stellte Irwana anerkennend fest.

Auf einem Zweig schnitt das junge Bonobomännchen Kako unruhig Grimassen. In den Händen hielt es zwei Früchte, sein Frühstück.

„Er fühlt sich auf dem Baum nicht wohl", erklärte Iblis – „im Gegensatz zu den meisten verwandten Affenarten. Schau nun das Weibchen, nennen wir es Leslie, das an ihm vorbei will, um ebenfalls Früchte zu pflücken. Er verstellt ihm den Weg. Jetzt beißt sie ihm in die Hand, damit er sie vorbeiläßt. Armer Kako!"

Kako stieß einen Schrei aus und landete in einem mächtigen Blättergeraschel auf dem Boden, gefolgt von Leslie. Beide schauten sich eine ganze Weile an.

„Da, jetzt machen sie Liebe, um sich wieder zu versöhnen!" Irwana war ganz aufgeregt. „Und sie schauen sich dabei in die Augen."

„Die Bonobos wählen die gleiche Position wie die Menschen"*, bemerkte Iblis.

„Jetzt sind sie fertig. Und Leslie hat eine der beiden Früchte in der Hand. Gut gemacht, Leslie!"

---

* Einst besonders von christlichen Missionaren in Afrika propagiert.

„Auf diese bewundernswerte Weise, durch Sex, lösen die Bonobos ihre Konflikte", erklärte Iblis weiter. „Deshalb sind sie auch nicht, wie ihr Menschen sagt, 'treu'. Vielmehr praktizieren sie in ihrer kleinen Gemeinschaft von etwa zehn Tieren die freie Liebe. Und ihre Verwandtschaftsverhältnisse sind ziemlich kompliziert."

„Vielleicht ist das der Grund dafür, daß sich nur die Weibchen um die Aufzucht der Jungen kümmern. Schau nur, wie sich Leslie um ihre Jungen sorgt. Sie behandelt sie genauso wie ich meinen kleinen Adjib II."

„Und die Bonobos sind auch äußerst tolerant im Umgang mit ihren Kleinen. Ich habe nie beobachtet, daß ein Erwachsener ein Junges geschlagen oder ihm auch nur gedroht hätte."

„Sollten sie etwa den Menschen überlegen sein?" fragte sich Irwana nachdenklich.

„Auf alle Fälle sind sie genauso verspielt wie du, als du noch klein warst. Sieh mal den jungen Kako, wie er sich die Augen mit einem

Arm zuhält und läuft, bis er hinfällt. Dann steht er wieder auf und beginnt von neuem. Und die anderen schauen ihm interessiert zu."

„Aber sie scheinen wirklich alle sexbesessen zu sein: Diese beiden hier sind so begeistert von den Früchten, die sie sich gegenseitig mitgebracht haben, daß sie noch vor dem Essen Liebe machen. "

„Die sexuellen Beziehungen prägen ihren Lebensrhythmus, und das Bonoboweibchen ist bis auf wenige Tage im Monat zum Sex bereit. Bei den Bonobos dient – wie bei den Menschen – Sexualität nicht mehr nur der Fortpflanzung. Die Weibchen lenken die Männchen in ihrer Gruppe und ziehen aus ihrer Position auch Vorteile. Eine matriarchalische Gesellschaft also", meinte Iblis zum Schluß.

Auf dem Rückflug wollte Irwana alles über die Entwicklungsgeschichte der Bonobos wissen und überschüttete Iblis mit Fragen. Sie erfuhr, daß sich der Zweig der Schimpansen und Bonobos von dem der Menschen vor etwa acht Millionen Jahren getrennt hat und daß Bonobos und Schimpansen ihrerseits sich seit etwa drei Millionen Jahren getrennt voneinander entwickelt haben.

Zurück in Izmir, fand Irwana Adjib beim Essen. Er machte kaum Anstalten, sie zu begrüßen. Während sie ihm von den Bonobos erzählte, stopfte er sich weiter voll und beachtete sie kaum.

„Aber sie können doch nicht miteinander sprechen", meinte er schließlich. „Wie wollen sie denn dann vernünftig miteinander kommunizieren, deine Bonobos?" Er redete mit vollem Mund und mußte seine Frage mehrmals wiederholen.

„Sie können sich sehr gut verständlich machen und ihre Konflikte aus der Welt räumen", lächelte Irwana vielsagend. „Bei denen geht es *wirklich* zivilisiert zu."

„Der niederländische Verhaltensforscher Frans de Waal hat das Leben der Bonobos untersucht und die geschilderten Verhaltensweisen tatsächlich beobachtet", erklärte Scheherezade weiter. „Schon die menschliche Gesellschaft zeigt ein enormes Interesse an der Sexualität, aber die Bonobos übertreffen uns bei weitem. Wenn wir nur Bonobos und noch nie Schimpansen oder Paviane beobachtet hätten, wären wir sicher überzeugt davon, daß auch die ersten Menschenähnlichen in einer matriarchalischen Gesellschaft lebten, in der Sex wichtige soziale Funktionen erfüllte und

zur raschen Beilegung von Konflikten genutzt wurde. Die Gemeinschaft der Bonobos unterscheidet sich von allen anderen: Sie leben nach der Devise der 1960er Jahre: 'Make Love, not War'."

In diesem Augenblick erkannte Scheherezade, daß der Morgen gekommen war, und schwieg.

Zwölfte Nacht
Die richtige Tür

Der Palast war in Aufruhr. Yatagan, einer der Höflinge aus Izmir, hatte Licht-des-Mondes entführt, die Tochter des Sultans Armanûs. Hilfe hatte er dabei von bösen Dschinns erhalten.

Der Sultan hatte Aladin zu sich bestellt, den Milchbruder von Licht-des-Mondes. Beide waren von derselben Amme gestillt worden und auch gemeinsam aufgewachsen. Da er dazu noch klug und gebildet war, rief man ihn in schwierigen Situationen gerne zu Hilfe.

„Warum bloß arbeiten die Dschinns für Yatagan?" wollte Armanûs wissen.

„Die komplizierte Welt der Dschinns zerfällt in zwei Fraktionen", wußte Aladin. „Die einen helfen den Menschen bei ihren gefahrvollen Vorhaben, und die anderen machen ihnen das Leben schwer. Gut und Böse, Gift und Gegengift. Und um sich zu unterhalten, kämpfen sie auch noch gegeneinander und bedienen sich dabei der Menschen."

„Und Yatagan?" fragte der Sultan.

„Yatagan ist auch einer ihrer Spielbälle. Aber er liebt Licht-des-Mondes und wird ihr kein Leid antun. Wir müssen sie aus den Händen der bösen Dschinns befreien. Am besten, wir fragen unseren guten Geist, den Dschinn Iblis, um Rat."

Iblis wußte natürlich schon über alles Bescheid. Er erklärte, daß Licht-des-Mondes im Schloß-zu-dem-kein-Weg-führt gefangengehalten wurde und daß Aladin sie befreien könnte.

Mit Hilfe von Iblis, der den Weg-den-es-nicht-gibt kannte, gelangte Aladin bald zum Schloß von Damvirat, dem König der bösen Dschinns. Bereits der Anblick verursachte ihm eine Gänsehaut. In den wolkenverhangenen Zinnen kreischten die Raben, und aus dem Inneren des Schlosses drangen Schreie und Kettenrasseln. Sie begehrten Einlaß am Haupttor. Ein hutzliger Gnom öffnete ihnen und führte sie zu Damvirat. Dieser saß auf einem Thron aus Menschenknochen und brach beim Anblick seiner Besucher in schallendes Gelächter aus. Auch Yatagan war anwesend.

„Ihr könnt Licht-des-Mondes befreien, wenn Ihr klüger seid als Yatagan", lachte Damvirat höhnisch. „Hier ist die Aufgabe für euch beide. Licht-des-Mondes sitzt hinter einer dieser drei Türen. Wer von euch die richtige Tür öffnet, der erhält Licht-des-Mondes. Öffnet Ihr eine falsche Tür, bekomme ich tausend Dinar. Jeder hat einen Versuch, und der Raum, in dem sich Licht-des-Mondes befindet, wird bei jedem von euch durch Zufall neu bestimmt."

Yatagan preschte vor, öffnete eine Tür – und verlor. Zerknirscht zahlte er seine tausend Dinar.

Jetzt war Aladin an der Reihe. Während er überlegte, flüsterte Iblis eine ganze Weile mit Damvirat. Dieser nickte schließlich zustimmend.

„Damvirat ist damit einverstanden, daß wir die Spielregeln etwas verändern", verkündete Iblis nun. „Aladin soll sich zunächst nur einmal vor eine der Türen stellen, ohne sie zu öffnen – eine Art Vorauswahl. Welche Tür wählt Ihr, Aladin?"

„Die mittlere."

„Gut", sagte Iblis. „Könnte nun der Gnom eine der beiden anderen Türen öffnen, von der er weiß, daß Licht-des-Mondes nicht dahintersitzt?"

Der Gnom öffnete die linke Tür.

„Nun, Aladin", befahl Iblis, „ändert Eure Vorauswahl und öffnet die andere Tür, nämlich die rechte".

Aladin tat, wie ihm geheißen und ... er erblickte Licht-des-Mondes. Die beiden fielen sich vor Glück in die Arme.

„Die Chance, daß sie sich hinter der rechten Tür befand, betrug zwei Drittel. Du hast wirklich Glück gehabt", meinte Iblis schließlich.

„Ich verstehe aber überhaupt nicht, warum Aladin nach der Vorauswahl seine Entscheidung ändern sollte", wunderte sich Yatagan. „Die Chance, daß sich Licht-des-Mondes hinter der einen Tür befindet, ist doch exakt gleich groß wie die, daß sie hinter der anderen Tür sitzt."

Iblis schüttelte weise sein wolkiges Haupt. „Die Wahrscheinlichkeit, daß sich Licht-des-Mondes hinter der Tür befand, die Ihr öffnetet, Yatagan, betrug tatsächlich eins zu drei, also ein Drittel. Daran ändert auch das Öffnen einer weiteren Tür nichts. Aladin jedoch hatte

die Zusatzinformation, daß eine der beiden Türen, die er in seiner Vorauswahl nicht gewählt hatte, die falsche war. Die Chance, daß sich Licht-des-Mondes hinter der Tür seiner Vorauswahl befand, betrug damit immer noch ein Drittel – die Chance dagegen, daß sie hinter der anderen Tür sitzt, war jetzt jedoch doppelt so hoch, nämlich zwei Drittel. Tut mir leid, Ihr beiden, nichts für ungut!" Und er zog mit dem glücklichen Paar von dannen.

Auf dem Rückweg war Aladin zwar ganz glückselig, aber etwas ließ ihm immer noch keine Ruhe.

„Ich bin immer noch davon überzeugt, daß ich eine Chance von fünfzig Prozent hatte, daß die Prinzessin hinter der Tür meiner Vorauswahl saß und daß die Chance für die andere Tür genauso groß war. Ich kann überhaupt keinen Grund erkennen, warum ich die Tür wechseln sollte."

„Deine Verständnislosigkeit überrascht mich leider überhaupt nicht", seufzte Iblis, „und es wird darüber auch noch lange Diskussionen geben. Aber mit rationalen Argumenten hat man es bei den Menschen ja öfter schwer! Laß uns das Ganze doch einmal mit ein paar Holzschachteln und einem Stein als Prinzessin nachspielen." Iblis übernahm nun die Rolle des Gnoms und versteckte den Stein unter einer von drei Schachteln. Sie starteten zwei längere Versuchsreihen. In der ersten Versuchsserie deckte Aladin nun jeweils die vorausgewählte Schachtel auf, während er in der zweiten Versuchsreihe jedesmal die „andere" Schachtel umdrehte. Licht-des-Mondes notierte die Ergebnisse – ob sich der Stein unter der umgedrehten Schachtel befand oder nicht.

Als sie fast zu Hause angekommen waren, verkündete die Prinzessin das Ergebnis: „Die Sache ist klar. In etwa zwei von drei Fällen bin ich hinter der 'anderen' Tür. Jetzt ist aber Schluß, ich will endlich nach Hause."

Das Fest, mit dem ihre Rückkehr gefeiert wurde, dauerte mehrere Tage – und ebenso lange die Diskussionen: Sollte man die Tür wechseln – oder nicht? Und wenn sie nicht gestorben sind, dann diskutieren sie noch heute.

„Dieses Problem ist überhaupt noch nicht alt", erklärte Scheherezade. „Die amerikanische Mathematikerin Marilyn Vos Savant veröffentlichte es zusammen mit einer Analyse erst im Jahr 1991. Daraufhin erhielt sie Hunderte von Zuschriften von Mathematikprofessoren und anderen Berufsmathematikern, die ihre Schlußfolgerungen in Frage stellten. Ihr Vorschlag (auf jeden Fall die Tür zu wechseln) widerspricht auf so eklatante Weise der Intuition, dem ‚gesunden Menschenverstand', daß die Debatten darüber immer noch andauern. Dennoch haben relativ einfach durchzuführende Computersimulationen längst bewiesen, daß Vos Savant recht hat: So hätte Aladin bei 100.000 Versuchen mit seiner Strategie in 66.502 Fällen Erfolg und in nur 33.498 Fällen Pech. Diese Zahlen kommen den rechnerisch ermittelten Wahrscheinlichkeiten von 2/3 bzw. 1/3 ausreichend nahe. Mathematische Tatsachen ergeben sich eben nicht aus demokratischen Abstimmungen. Durch das Öffnen der Tür gab der Gnom Aladin eine Zusatzinformation, die dieser zu seinem Vorteil einzusetzen wußte. Vielleicht wird das Ganze etwas anschaulicher, wenn man sich anstatt drei 1000 Türen vorstellt, von denen nach der Voraus-

wahl 998 geöffnet werden. Die Chance, daß die vorausgewählte Tür die richtige ist, beträgt 1 zu 1000, dagegen das Risiko, daß die Prinzessin ausgerechnet hinter der einzigen anderen verschlossenen Tür nicht sitzt, ... Ihr glaubt mir immer noch nicht? Dann probiert es doch selbst einmal aus!"

In diesem Augenblick erkannte Scheherezade, daß der Morgen gekommen war, und schwieg.

Dreizehnte Nacht
Vom Diamantenschliff – eine theologische Betrachtung

König Schahsaman wartete auf seine Juweliere. Er hatte Geburtstag und wollte sich ein schönes Geschenk machen. Wer hätte ihm etwas Prachtvolleres schenken können als er selbst? Schließlich war er der Reichste im ganzen Land. Er wünschte sich einen Diamanten, aber eine Überraschung sollte es dennoch sein; deshalb hatte er seinen Großwesir beauftragt, den größten Diamanten der Welt ausfindig zu machen, ihn schleifen zu lassen und ihn ihm heute zu schenken.

Der Großwesir enthüllte einen riesigen Edelstein. Für einen Moment herrschte ehrfürchtige Stille.

„Was für eine prachtvolle geometrische Konzeption!" riefen schließlich die versammelten Juweliere. „Diese geniale Schlichtheit, diese grandiose Bescheidenheit in der Form!"

„Eine Offenbarung! Mir schwinden die Sinne …", stöhnte der minimalistische Perser.

Der neodekonstruktivistische Quantenreformulator dagegen hatte nicht viel für das Meisterwerk übrig. „Pah!" war das einzige, was er sich entlocken ließ.

„Man muß sich diesem außergewöhnlichen Œuvre zunächst ein wenig entfremden und dann Schritt für Schritt seinen eigenen Zugang finden, um die Feinheit im Detail, diese überreiche künstlerische Negentropie erst richtig würdigen zu können", versuchte der resistenzialistische Ästhet zu vermitteln.

„Und seht doch nur, wie die streng minkowski'sche Realität des Raumes hier beispielhaft symbolisiert wird durch dieses quantisch irreduktible Objekt …", meinte ehrfürchtig ein älterer Philosoph, der noch im präsokalischen Zeitalter aufgewachsen war.

Schahsaman degegen wirkte verdrießlich und konnte sich so gar nicht mit seinem postmodernistischen Hofstaat freuen. Denn der Di-

amant war – ein Würfel. Ein einfacher Würfel und nichts anderes. Seine acht Ecken waren alle gleich weit voneinander entfernt, die zwölf Kanten exakt gleich lang, und die sechs glattpolierten Flächen von perfekter Identität. Schließlich erhob sich der König von seinem Thron und verließ wutschnaubend den Saal. Betretenes Schweigen erfüllte die Runde.

„Das ist ja eine schöne Bescherung!" meinte Irwana. „Was machen wir denn jetzt?"

„Man könnte den Stein vielleicht neu schleifen lassen. Überlegt doch mal: Welche anderen Oberflächen kämen denn bloß noch in Frage?" warf der Großwesir ratlos in die Menge.

„Dreiecke, Quadrate, Rechtecke!" schnaubte Yatagan. „Alles ist möglich, man braucht nur ein wenig Fantasie. Und die hat dieser Trottel von Großwesir ja nun am allerwenigsten. Ich könnte ihn ..." Und er zog seinen Säbel.

„Wie wäre es denn mit einem Schliff, bei dem lauter Sechsecke entstehen?" unterbrach ihn Irwana.

„Unmöglich!" antwortete Yatagan. „Nicht einmal der Geometer ..."

„Beruhigt Euch!" ergriff nun der Geometer das Wort. „Ein einzelnes Sechseck entsteht einfach dadurch, daß man den Würfel senkrecht zur Hauptdiagonalen entlang der Mittelpunkte der Kanten abschleift. Oder man kann ihn mit nur zwei Schnitten in drei identische Pyramiden zerlegen. Ein Würfel bietet viele Möglichkeiten. Schneidet man ihn so, so und so, hat man ein Achteck, ein Neun- oder ein Zwölfeck – fast nichts ist unmöglich."

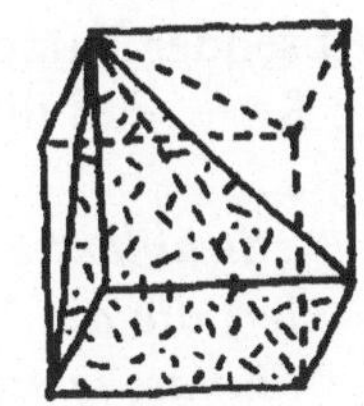

„Dann hätte ich gerne einen Stein, dessen Oberfläche nur aus Sechsecken besteht", ließ sich Laab schüchtern vernehmen, die den Geometer schon die ganze Zeit angehimmelt hatte.

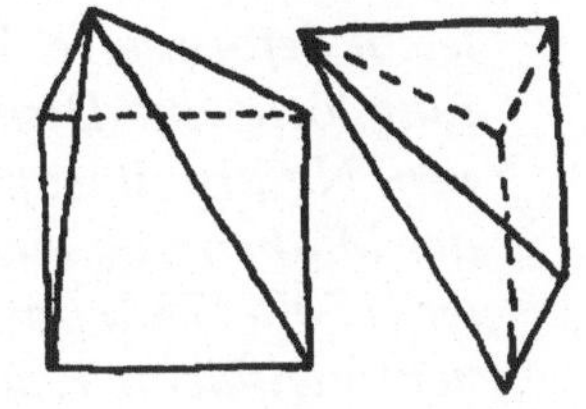

„Das ist unmöglich. Das ist bewiesen."

„Aber heißt es nicht, die Liebe findet immer einen Weg?" fragte sie mit treuherzigem Augenaufschlag.

„Eigentlich schon, schönes Kind, doch die Grenzen der Mathematik sind für alle unüberwindbar. Selbst Allah, der Allmächtige, könnte keinen Körper erschaffen, dessen Oberfläche ausschließlich von Sechsecken bedeckt ist."*

„Das ist Gotteslästerung!" rief Schahsaman, der sich draußen bald gelangweilt hatte und gerade wieder in den Saal zurückkehrte. „Allah ist allmächtig."

„Gewiß doch, aber Allah hat auch die Geometrie erschaffen, und in seinem Werk kann es keinen Widerspruch geben", beharrte der Geometer. „Allah kann alles, bloß nicht zu sich selbst im Widerspruch stehen. ER ist viel zu weise, um seine eigene Schöpfung in Frage zu stellen. Wenn er das zuließe, dann wäre er nicht mehr allmächtig."

---

* Bereits Kepler hatte nachgewiesen, daß man dazu noch mindestens 12 Fünfecke benötigt, was man an der Geode im Parc de la Villette in Paris schön beobachten kann.

„Wer Widersprüche in Gottes Werk unterstellt, der zweifelt an Gottes Allmacht. Und das ist nicht gerade fromm."* Der Geometer sprach jetzt nur noch zu Laab, weil er weiterhin den Zorn des Königs fürchtete, und beschrieb mit ausholenden Armbewegungen weitere mögliche Schliffe für den Diamanten.

„Laßt die Finger von dem Ding", meinte schließlich Schahsaman. „Ich werde ihn an Al-Ma'mon den Schrecklichen schicken und als Absender Yatagan angeben. Und hoffentlich gerät der so sehr darüber in Rage, daß ihn der Schlag trifft."

„Strahlentierchen (Radiolarien) sind mikroskopisch kleine Einzeller, die die Meere bevölkern", erzählte Scheherezade weiter. „Ihr Silikatskelett besteht aus unregelmäßigen Sechsecken, und es scheint auf den ersten Blick, als könne mit diesen eine (wenn auch leicht deformierte) Kugelform geschaffen werden. Diese Beobachtung löste eine Diskussion zwischen einem Mathematiker und einem Naturphilosophen über die Allmacht Gottes und das Primat der Mathematik aus. Der Schweizer Mathematiker Leonhard Euler (1707-1783) hatte nämlich gezeigt, daß bei einem Polyeder (einem Vielflächner, also einem Körper mit mehreren ebenen Außenflächen) die Anzahl der Außenflächen A, die Zahl der Kanten K

---

* „Gott ist allmächtig, aber er kann sich nicht selbst widersprechen", meinte Augustinus. Auch die berühmte Frage von Blaise Pascal zeigt die Grenzen der Allmacht Gottes auf, und zwar unabhängig von der Antwort: „Kann Gott einen Berg erschaffen, der so hoch ist, daß er ihn selbst nicht erklettern kann?" Für einige Theologen ist es die schlimmste Sünde überhaupt, Gott herauszufordern, zum Beispiel durch eine Aussage wie „Wenn es einen Gott gibt, dann möge ich an meinem nächsten Bissen Brot ersticken". Andererseits ist Gott nicht verpflichtet, sich zum Beweis seiner Existenz den Wünschen oder Befehlen von Menschen zu beugen. Dies hatte der englische Mathematiker Godfrey Hardy (1877-1947) nicht bedacht. Er fürchtete sich vor Schiffsreisen, mußte jedoch einmal für einen Kongreß den Ärmelkanal überqueren. Um den Untergang des Schiffes zu verhindern, behauptete er vorher in einem Brief an einen Kollegen, er habe das Fermatsche Theorem bewiesen, ein lange ungelöstes mathematisches Problem. Seine Argumentation war: „Gott kann es jetzt gar nicht mehr zulassen, daß das Schiff untergeht, denn dann würde mir völlig zu Unrecht der Ruhm zuteil, als erster dieses Problem gelöst zu haben."

und die Zahl der Ecken E immer im Verhältnis A + E - K = 2 zueinander stehen. Sie können die Richtigkeit dieser Formel z.B. bei Würfeln, Prismen, Pyramiden und den Gebilden, die daraus durch Schnitte hervorgehen, selber nachprüfen. Bei einem Vielflächner, dessen Oberfläche nur von Sechsecken gebildet würde, käme man auf folgende Rechnung: Jedes Sechseck hat sechs Ecken und sechs Kanten. Jede Ecke ist jeweils drei Außenflächen gemeinsam, und jede Kante gehört gleichzeitig zu zwei Außenflächen. Die Zahlen E und A reduzieren sich also auf E = A/3 und K = A/2. Bei einem gedachten idealen Strahlentierchen ergäbe sich in Eulers Formel also A + (6 × A/3) - (6 × A/2) = A + 2A − 3A = 0. Und 0 ist eben ungleich 2. Womit bewiesen wäre, daß das ideale Strahlentierchen und der Diamant mit dem vollendeten Sechseckschliff nicht existieren können."

In diesem Augenblick erkannte Scheherezade, daß der Morgen gekommen war, und schwieg.

Vierzehnte Nacht
Die Fraktale

Wortlos packte der neue Großwesir der Universität seine Reisetasche. Wohl war er endlich ganz oben auf der Karriereleiter angekommen, doch die Bürde seines neuen Amtes lastete schwer auf ihm. Die Universität mußte reformiert werden, die Forschung umstrukturiert, die Studierenden motiviert, Programme aufgelegt und reiche Investoren gefunden werden. Das war fast zu viel für einen einzelnen Mann.

„Wäre ich doch bloß königlicher Geologe geblieben", seufzte er. „Jetzt habe ich ja überhaupt keine Freizeit mehr. Doch für heute ist genug gearbeitet. Ich gehe jetzt zum Angeln." Er suchte seine Siebensachen zusammen.

Leider konnte er nicht ohne den ganzen Hofstaat losziehen, was ihn etwas wurmte. „Die werden mir sämtliche Fische verscheuchen", befürchtete er.

Und so zogen alle los zum See, den der Großwesir von seinen geologischen Forschungen bestens kannte. Gleich teilte der Wesir den Uferstreifen auf.

„Mindestens zehn Meter Uferlinie Abstand voneinander", befahl er. „Und von mir zwanzig."

Alle machten sich daran, die Uferlinie auszumessen. Als Maßstab benutzten sie dabei ihre Angelruten; einige nahmen einen Stock zu Hilfe.

Schon bald gab es ein Problem zwischen Laab und dem König Schahsaman.

„Der Königliche Feldmesser hat zwischen uns einen Abstand von 9,30 m gemessen. Also rücke noch ein Stück weiter weg", verlangte er von seiner Lieblingsfrau.

„So kenne ich dich ja gar nicht, alter Brummbär", meinte sie. „Ich habe übrigens selber nachgemessen: 105mal dieses Stöckchen von 10 cm Länge, also zehn Meter fünfzig. *Ich* halte mich genau an die Spielregeln!"

Der gewundene Verlauf der Uferlinie machte die genaue Bestimmung der Entfernungen tatsächlich schwierig. Wie sich herausstellte, war das Meßergebnis von der Länge des benutzten Meßinstruments abhängig: Je kleiner der eingesetzte Maß-Stab war, desto besser konnten damit die Feinheiten des Uferverlaufs berücksichtigt werden, und um so größer wurde dadurch das Meßergebnis. Jetzt mischte sich der Dschinn Iblis in die Diskussion.

„Die Mathematiker haben sich mit diesem Problem bereits beschäftigt", erklärte er. „Die Entfernung zwischen zwei Punkten einer Ufer- oder Küstenlinie kann, sofern diese nur kompliziert genug ist, sogar unendlich sein, auch wenn die Punkte der Linie sehr nahe beieinander liegen ..."

„Da hast du es!" triumphierte Laab.

„Dann zeichne mir doch einmal eine unendlich lange Uferlinie", forderte Schahsaman Iblis auf.

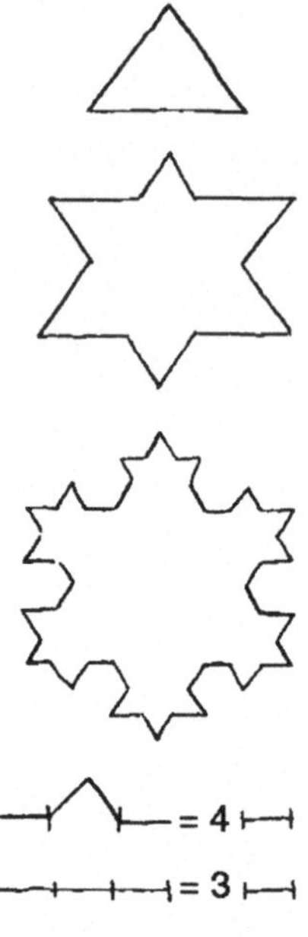

„Nun, Laab, zeichne einmal ein gleichseitiges Dreieck. Teile jede Seite in drei gleiche Teile und zeichne jeweils auf dem mittleren Segment ein weiteres Dreieck. Wische dann das mittlere Segment weg.“

„Und wie oft soll ich das machen?“ fragte Laab.

„Unendlich oft. Die Mathematiker rechnen gerne mit der Unendlichkeit.“

„Da sieht man mal wieder, daß in Wirklichkeit nicht sie die eigentliche Arbeit machen“, bemerkte der Großwesir spöttisch.

Jeder hatte das einfache Prinzip verstanden, und alle waren fasziniert von der „Schneeflocke“, die sehr rasch zum Vorschein kam. Bei jedem Schritt verlängerte sich die Länge jedes Segments auf das 4/3fache. Und damit erreichte die Gesamtlänge der Linie nach einer unendlichen Anzahl von Schritten natürlich auch eine unendliche Länge.

Die junge Zephyra kam freudestrahlend herbeigerannt. Sie hatte einen Fisch gefangen und präsentierte ihn stolz. Alle bewunderten ihn.

„Das ist ein Fisch aus der Gattung der Mandelbrötler“, wußte der Biologe. „Schaut nur einmal seine Schuppen an.“

Jede der großen Schuppen war von kleineren Schuppen bedeckt, und diese wiederum von noch kleineren Schuppen und so weiter; die kleinsten konnte man mit bloßem Auge nicht mehr erkennen, sondern nur noch beim Darüberstreichen ertasten.

„Genauer gesagt, es ist eine Fraktale“, meinte der Dschinn verschmitzt. „Ihr Volumen ist begrenzt, aber ihre Oberfläche ist unendlich groß.“

„Genauso wie bei unserem Dreieck. Wenn man nur weit genug ins Detail geht, wird die Begrenzungslinie unendlich lange.“

„Und egal, aus welcher Nähe man die Schuppen oder das Dreieck betrachtet, die Strukturen sehen immer gleich aus“, fiel dem Mathematiker Ramses auf.

„Tatsächlich, es muß doch langweilig sein, noch sehr viel genauer hinzuschauen – man entdeckt immer wieder das gleiche", meinte der König.

„Nicht ganz; die Strukturen im Inneren der Fraktale sind nicht wirklich gleich, aber sie ähneln sich", wagte der Mathematiker zu widersprechen. „Ich werde es Euch beweisen."

Er nahm Yatagan zur Seite und schlug ihm vor, für den Herrscher ein wahrhaft königliches, fraktales Geschenk anzufertigen.

Nachdem sie in den Palast zurückgekehrt waren, machte sich Yatagan daran, den Rat von Ramses in die Tat umzusetzen. Er nahm eine kleine Pyramide aus Gold zur Hand, ein Tetraeder, wie ihm der Mathematiker erklärte, und versah jede ihrer Seiten mit einer weiteren, kleineren Pyramide. Auf diese setzte er wiederum noch kleinere Pyramiden und so weiter.

„Hoffentlich haben wir genug Gold für meine Überraschung", schmunzelte Schahsaman. Als guter Herrscher konnte er es nicht ertragen, wenn der gute Wille seiner Untertanen an fehlenden Ressourcen scheiterte.

Schließlich war das Werk vollendet, und der Hofstaat fand sich wieder einmal zur feierlichen Überreichung ein. Nach dem üblichen Sermon erfolgte die Enthüllung, und zum Vorschein kam – schon wieder ein Würfel, diesmal aus purem Gold!

„Yatagan kann wirklich nichts dafür", meinte der Mathematiker etwas verschreckt, „er konnte nicht mit dieser fraktalen Überraschung rechnen, die hat nämlich sogar die größten Mathematiker verblüfft: Die Grenzfläche einer fraktalen Pyramide kann – voilà – ein Würfel sein."

Doch diesmal machte der König gar keine Anstalten, sich aufzuregen. Hatte er doch in der letzten Zeit so viel Interessantes über Würfel gelernt, daß er sich von all diesen antikubistischen Ignoranten endlich nichts mehr vormachen lassen mußte. Und bei seinen nächsten Staatsbesuchen im Ausland würde er auch hier einmal mitreden können.

„Unsere Fraktale hatte bereits ein Vorbild in der Literatur", erklärte Scheherezade, „nämlich in Gullivers Reisen *von Jonathan Swift (1667-1745). Dieser beschrieb einen Floh, auf dessen Rücken kleine Flöhe lebten, auf deren Rücken wiederum noch kleinere Flöhe lebten, und so weiter,* ad infinitum.
Fraktale sehen sich selbst immer ähnlich, egal, mit welcher Vergrößerung man sie betrachtet. Ihrer mathematischen Konstruktion liegt immer eine nicht ganze Zahl zugrunde, zum Beispiel 1,4 oder 2,856. Das Prinzip ihrer Erzeugung ist außerordentlich einfach; man muß nur die entsprechenden Rechenschritte oft genug (meist per Computer) wiederholen. Diese Eigenschaften und die herrlichen graphischen Umsetzungen, die inzwischen sehr bekannt geworden sind, verleihen diesen Gebilden einen Hauch von Science-fiction. Es ist darüber hinaus erstaunlich, wie viele praktische Anwendungen in der Physik eine solche 'pathologische' Funktion (eine stetige Funktion ohne Ableitung) hat: Wie ihr Entdecker Benoît Mandelbrot gezeigt hat, lassen sich damit sehr verschiedenartige Phänomene besser verstehen, warum zum Beispiel der Himmel nachts schwarz ist, Details der Brownschen Molekularbewegung, der Gasaustausch in den Lungen und sogar Kursschwankungen an der Börse."

In diesem Augenblick erkannte Scheherezade, daß der Morgen gekommen war, und schwieg.

Fünfzehnte Nacht
Heiß und kalt

Was für eine Hitze in Samarkand! Es war entschieden zu heiß dieses Jahr. Einige meinten sogar, es seien die schlimmsten Hundstage seit der Erschaffung der Welt.* Der König hielt seinen Mittagsschlaf und wurde von dem Gejammer seiner Umgebung geweckt.

„Hundert Stockschläge für jeden, der sich noch einmal über die Hitze beklagt", meinte er schlechtgelaunt.

Sogar der Dschinn Iblis schwitzte: Die Wolke, aus der er bestand, sonderte Dampf ab.

„Gehen wir doch in den Garten, um uns etwas abzukühlen", schlug er vor.

Die junge Laab schien unter den Temperaturen am meisten zu leiden: Sie hatte sich fast völlig entkleidet, und Irwana, die Tochter Schahsamans, hatte ihr dringend geraten, sich vor dem Hinausgehen noch etwas anzuziehen. Seufzend hüllte sie sich in das leichteste all ihrer Tücher.

Sie gingen zu dem großen Wasserbecken im Innenhof. Schon beim Näherkommen verspürten sie eine angenehme Frische. Der König atmete tief durch.

„Am Wasser ist die Luft tatsächlich kühler", pflichtete ihm Iblis bei.

„Wenn der trockene, heiße Wind über das Wasser streicht, verdampft es. Dadurch kühlt sich die Luft ab."

„Und deshalb hat mir der Emir von Yezd seinen Architekten für eine Klimaanlage geschickt. Er will mir ein Belüftungssystem bauen, bei dem die Luft durch einen unterirdischen Bach abgekühlt wird. So sieht es jedenfalls sein Plan vor."

---

* Ein Statistiker, der offenbar selbst etwas unter der Hitze litt, behauptete einmal, dies sei nun der dritte heißeste Sommer des Jahrhunderts in Folge.

Ein Wasserschwall traf den König. Laab war in das Becken gesprungen, um sich abzukühlen, und sie strahlte vor Vergnügen. Bald schon tummelten sich alle im Wasser; nur der König hielt sich würdevoll zurück.

„Der trockene Wind verdunstet auch den Schweiß auf der Körperoberfläche und wirkt so angenehm kühlend", erklärte Iblis weiter.

„Das ist aber nicht immer nur angenehm", meinte der Großwesir. „Letzten Sommer war ich bei den bretonischen Kelten, um ein Schiff zu kaufen. Die Leute dort hatten mir erklärt, daß der Wind vom Land her trocken ist. Deshalb kann er sehr viel Feuchtigkeit aufnehmen und kühlt unvorsichtige Badegäste kräftig ab. Der Seewind ist dagegen bei den Badenden viel weniger gefürchtet: Er ist schon mit Feuchtigkeit gesättigt und kann deshalb nicht mehr so stark kühlen."

Der König kratzte sich nachdenklich am Kopf.

„Ich frage mich übrigens schon die ganze Zeit, ob ich mein weißes Gewand nicht gegen ein schwarzes wie Eures tauschen sollte, Großwesir. Ich habe gehört, dunkle Gewänder sollen weniger warm halten. Was hält denn unser königlicher Physiker und Geologe davon?" wollte er wissen.

„Die Frage ist nicht trivial", meinte dieser. „Generationen von Physikern haben sich bereits damit beschäftigt. Weiß reflektiert besser das Sonnenlicht, aber Schwarz strahlt mehr Wärme ab. Tatsächlich müßte man sich in der Sonne weiß anziehen und im Schatten schwarz."

„Ich weiß, schwarz ist wärmer. Auf dunklem Sand verbrennt man sich viel leichter die Füße als auf weißem", meinte Yatagan, der weit herumgekommen war.

„Genug!" unterbrach der König. „Jetzt machen wir ein Experiment. Laßt 10 Soldaten in Weiß und 10 in Schwarz antreten. Sie sollen sich in die pralle Sonne stellen, und wir schauen einfach, was passiert."

Der Befehl wurde ausgeführt, und das Experiment zeigte rasch ein eindeutiges Ergebnis: Nach einer Stunde waren sieben der dunkel gekleideten Soldaten umgekippt, jedoch nur drei der hell gekleideten. Schahsaman war zufrieden: Er brauchte doch keine neue Garderobe.

„Da gibt es aber noch einen weiteren Effekt", beharrte der Geologe. „Im Gegensatz zu der Uniform der Soldaten sind unsere Gewän-

der weit und wallend. Die Luft, die sich in der Nähe des Stoffes erhitzt, steigt auf, und diese Luftströmung kühlt den Körper ab. Bei einem hellen Stoff ist dieser Effekt geringer. Daher ist es durchaus sinnvoll, ein wallendes, dunkles Gewand zu tragen, und, äh …"

Laab war gerade aus dem Becken gestiegen, und ihr Anblick verschlug dem Geologen die Sprache.

„Also, Schwarz kommt für mich nicht in Frage", meinte sie und schüttelte ihr nasses Haar. „Vielleicht versuche ich es einmal mit einem dunkleren Naturweiß."

„Das mit den wallenden Gewändern ist vielleicht gar nicht so schlecht, werter Freund", meinte der König zu seinem immer noch verdatterten Geologen. „Das zügelt auch eure hitzige Fantasie!"

Der Geologe bekam noch heißere Ohren, riß sich aber zusammen und nahm seinen Vortrag wieder auf. Schließlich fragte der Großwesir:

„Ich habe gehört, daß das Klima vor langer Zeit einmal ganz anders war, weniger heiß. Kann das nicht wieder passieren?"

„Solche Klimaschwankungen haben etwas mit den Bewegungen der Erde zu tun. Vor 18.000 Jahren zum Beispiel waren die Winter viel kälter, und das Eis schmolz nicht einmal im Sommer. Sogar Euer Land, o König, war von Eis bedeckt. Das war die letzte Eiszeit."

„Zum Glück habe ich damals nicht gelebt", meinte Laab. „Obwohl – ein schöner Pelzmantel stünde mir sicher auch nicht schlecht."

Und sie gab dem König einen schmatzenden Kuß.

Schließlich wurde es Abend, und die Dunkelheit brachte Erfrischung und ließ die Menschen aufatmen. Es wurde gefeiert, und alle ließen es sich gutgehen. Alle? Alle, bis auf die sieben Soldaten in den hellen Uniformen, an deren Ablösung natürlich keiner mehr gedacht hatte.

„Von der 6000°C heißen Sonne erreicht uns sichtbare Strahlung", erklärte Scheherezade weiter. „Der menschliche Körper gibt dagegen Wärme in Form von Infrarotstrahlung ab. Bekanntlich strahlen schwarze Gegenstände die Wärme besser ab als Objekte jeder anderen Farbe, aber können dunkle Textilien ebenfalls als solche 'schwarzen Körper' für die Infrarotstrahlung angesehen werden? Diese Frage ist durchaus offen.
Die Erdatmosphäre ist durchlässig für das Sonnenlicht und absorbiert teilweise die Infrarot- oder Wärmestrahlung, die von der Erdoberfläche abgegeben wird. Je mehr Gase sich in der Atmosphäre befinden, die Energie im Bereich der Wärmestrahlung absorbieren, zum Beispiel Kohlendioxid (CO_2) oder Wasserdampf, desto höher steigt die Temperatur. Dies wird als 'Treibhauseffekt' bezeichnet."

In diesem Augenblick erkannte Scheherezade, daß der Morgen gekommen war, und schwieg.

Sechzehnte Nacht
Der erratene Ring

El Aschar war ein reicher Mann, aber die Schönheit der Jugend war dahin. Sein Bauch wölbte sich wie bei einem dreifach trächtigen Kamel. Das machte es schwer für ihn, eine Frau zu finden, denn bei allem Überfluß war er auch noch geizig.

Er hatte ein Auge auf die schöne Budur, die Tochter des Olivenhändlers geworfen, deren zarte Haut von der Farbe des hellen Öls war, das ihr Vater verkaufte.

Um sie zu gewinnen, mußte er sich etwas einfallen lassen, und in dieser Beziehung war er nicht unbegabt. Kaufleute müssen ja ständig clever sein. So vergaß er zum Beispiel nie, seinen Verträgen einige kleingedruckte Zeilen hinzuzufügen, die niemand so genau las, und mit denen er immer aus dem Schneider war. Er zog also los, um Budur seine Aufwartung zu machen.

Der Olivenhändler empfing ihn freundlich, denn er wollte endlich auch in die Organisation der Ölmultis aufgenommen werden, deren Vorsitzender El Aschar war. Er rief Budur herbei, die mit gesenktem Blick erschien, gekleidet in ein violettes Tuch, das ebenso schlicht und zart war wie sie selbst.

„Unser mächtiger Freund möchte dir einen Ring schenken, um die freundschaftlichen Bande zwischen unseren Familien weiter zu stärken. Bedanke dich, mein Kind."

„Gewiß doch, Vater", antwortete Budur. „Doch zuerst möchte ich wissen, worauf ich mich da einlasse. Ein bißchen Vorsicht kann schließlich nie schaden. Welche Bedingungen sind denn mit diesem schönen Geschenk verknüpft?"

„Gar keine", erwiderte El Aschar, „bloß eine kleine Spielregel. Gehen wir zum Juwelier."

Der Juwelier kannte El Aschar und mißtraute ihm. Er vermutete, daß der Händler hinter einem Geschäft mit einer schwarzen Perle steckte, bei dem er viel Geld verloren hatte.

„Zeige mir deine Ringe mit den Edelsteinen", bat El Aschar den Juwelier, „aber laß die Preisschilder dran. Wir sind hier ja unter uns, und Qualität hat eben ihren Preis."

Der Juwelier legte ihnen ein halbes Dutzend Ringe vor, nach Preisen geordnet.

„Ich möchte dir einen dieser Ringe schenken, verehrte Budur. Der Ring, den du dir aussuchst, wird deiner sein, außer ..."

Budur verzog das Gesicht: Die Sache hatte natürlich doch einen Haken.

„... außer in dem wunderbaren Fall, daß unsere Geschmäcker dermaßen ähnlich und wir damit derart seelenverwandt sein sollten, daß wir auf der Stelle heiraten müssen. Suche dir also deinen Lieblingsring aus. Ich habe bereits auf diesen Zettel geschrieben, welcher das meiner Meinung nach ist. Wenn ich mich geirrt habe, dann gehört der Ring dir. Wenn ich aber richtig liege, dann werden wir einfach heiraten, und wir sparen uns das Geld für den Ring und bezahlen damit unsere Hochzeit."

„Muß ich mich auf diesen Handel einlassen?" fragte Budur ihren Vater.

„Aber du kannst doch gar nicht verlieren, mein Kind", antwortete der Olivenhändler. „In fünf von sechs Fällen gewinnst du einen schönen Ring, und in einem Fall hast du das Glück, El Aschar heiraten zu dürfen."

Budur begann heftig nachzudenken. Sie wollte eine solche Entscheidung nicht dem Zufall überlassen. Sie wollte erschließen, was El Aschar auf seinen Zettel geschrieben haben könnte. Deshalb zog sie sich kurz zurück und beratschlagte mit ihrer Freundin Nosatu.

„Der teuerste Ring wäre für El Aschar der größte Schlag ins Kontor. Ich würde diesem Fettwanst nur zu gerne eine Lektion erteilen. Leider weiß ich, daß er auch ein Geizhals ist, und deshalb kann ich diesen Ring nicht wählen, denn wahrscheinlich hat er gerade diesen auf seinem Zettel. Ich werde den zweitteuersten wählen."

„Bist du dir da wirklich sicher?" wandte Nosatu ein. „Er muß sich doch überlegt haben, daß du dir genau diese Gedanken machst. Und deshalb hat er natürlich Ring Nummer zwei auf seinem Zettel. Du mußt also den dritten nehmen."

„Nosatu, jetzt machst du mich aber ganz verrückt. El Aschar muß sich natürlich dasselbe gedacht haben. Wir müssen uns für den vierten entscheiden."

Und so überlegten sie weiter, bis sie schließlich beim sechsten Ring ankamen. Die Lage erschien ausweglos. Nosatu wurde nervös.

„Irgend etwas kann mit unserer Logik nicht stimmen. El Aschar kann schließlich nur eine Zahl aufgeschrieben haben. Am besten wählst du den Ring, der dir am besten gefällt."

„Das wäre der zweite, dessen Stein die Farbe meiner Augen hat. Aber dann sage ich mir: Wenn El Aschar unseren Überlegungen nur bis zu diesem Punkt gefolgt ist, dann hat er bestimmt Ring Nummer zwei aufgeschrieben", erwiderte Budur, immer stärker beunruhigt.

Schließlich kam Nosatu auf eine andere Idee.

„Bei unseren ganzen Schlußfolgerungen sind wir immer davon ausgegangen, daß El Aschar genauso intelligent ist wie wir. Wenn das aber nicht der Fall ist, dann bricht er seine Überlegungen irgendwo auf halbem Weg ab – und du kannst genausogut einen der Ringe nach dem Zufallsprinzip auswählen. Wir schreiben jetzt die Zahlen von eins bis sechs auf Zettel und ziehen einen davon."

Das Los fiel auf den ersten Ring.

„Das kannst du jetzt aber doch nicht machen", meinte Nosatu, „denn El Aschar hat bestimmt auf das geringste Risiko gesetzt und Ring Nummer eins gewählt ..."

Die Händler waren bereits ungeduldig geworden. Doch mit einem Mal kam Budur ein rettender Gedanke. Sie hatte etwas entdeckt, das nur in einem Exemplar vorkam.

„O verehrter Aschar!" meinte sie. „Ich bin ganz gewiß, daß du mir alle meine Wünsche erfüllen wirst. Und deshalb möchte ich gar keinen Ring. Tatsächlich habe ich mich schon immer nach etwas ganz anderem gesehnt – seht doch nur diese herrliche schwarze Perle dort hinten!"

Bei dieser überraschenden Wendung verlor El Aschar völlig die Beherrschung. Seine Adern schwollen an, und er drohte zu platzen.

„Was? Und dann möchten das Fräulein vielleicht auch noch gleich eine zweite dazu?!" schrie er. „Diese Perle dort, die habe ich diesem Narren von Juwelier doch gerade erst teuer verkauft, und du glaubst doch nicht, daß ich sie jetzt zurückkaufe ...!"

Er hielt plötzlich inne, denn er sah die Faust des Juweliers auf sich zukommen. Er drehte sich um und floh aus dem Laden, so schnell er konnte. Und wie man sich erzählt, rennt er heute immer noch.

„Dieses Problem ist unter der Bezeichnung 'Das Henkerparadoxon' bekannt", erklärte Scheherezade weiter. *„Einem zum Tode Verurteilten wird mitgeteilt, daß er an einem Tag der kommenden Woche gehängt werde, außer in dem Fall, daß es ihm gelingt, am Morgen des vorgesehenen Tages seine geplante Hinrichtung vorherzusagen. 'Der letzte Tag der Woche scheidet aus', sagt sich der Verurteilte, 'denn dann könnte ich es ja mit Sicherheit vorhersagen. Also werden sie nicht bis Sonntag warten. Auch der Samstag scheidet aus; denn weil ich ja weiß, daß sie nicht Sonntag wählen können, können sie sich ausrechnen, daß ich den Samstag wähle.' Diesem Gedanken kann man folgen, bis eigentlich gar kein Tag mehr in Frage zu kommen scheint. Das Problem stellte sich in einem anderen Zusammenhang 1943 in Schweden. Die Bevölke-*

rung wurde darüber informiert, daß an einem Tag der kommen-
den Woche eine Zivilschutzübung stattfinden sollte – das genaue
Datum wurde aber nicht mitgeteilt.“

In diesem Augenblick erkannte Scheherezade, daß der Morgen gekommen war, und schwieg.

Siebzehnte Nacht
Die schwarze Perle

„Ich hatte nicht immer diese kleine Bude hier im Händlerviertel", erzählte der Juwelier. Bevor ich mich von El Aschar über den Tisch ziehen ließ, war ich einer der angesehensten Hoflieferanten für Diamanten. Oh, wie ich ihn hasse!"

Der Olivenhändler, der von dem Betrug mit der schwarzen Perle gehört hatte, hatte jedoch nicht gewußt, daß El Aschar dahintersteckte. Jetzt tat es ihm gar nicht mehr leid, daß seine Tochter das Angebot El Aschars ausgeschlagen hatte. Doch nun wollte er die Geschichte genau wissen. Er ließ sich berichten und erzählte den Vorfall zu Hause Budur und Nosatu.

„El Aschar hatte die Perle im Laden des Juweliers entdeckt. Er beschloß, sie zu kaufen, aber nicht, um sie zu verschenken. Vielmehr verkleidete er sich als reicher nubischer Kaufmann und erwarb die Perle, fast ohne zu feilschen. Das war ganz und gar ungewöhnlich. Außerdem machte er dem Juwelier ein interessantes Angebot:

'Ich würde gerne noch eine zweite solche Perle kaufen, weil ich meiner Verlobten gerne ein Paar schöne Ohrringe schenken möchte. Wenn Ihr mir noch eine zweite Perle dieser Art findet, bin ich bereit, den zehnfachen Preis dafür zu zahlen.'

Der Juwelier war erstaunt und ratlos. Er wußte, daß er kaum wieder eine solche Perle würde auftreiben können.

Jedenfalls zahlte El Aschar 500 Dinar und hielt die Perle ein ganzes Jahr lang unter Verschluß. Dann dachte er sich eine neue Verkleidung aus und bot sie auf dem Basar zusammen mit anderen Juwelen zum Verkauf an. Der Juwelier entdeckte sie dort natürlich und war ganz begeistert. Hier war ja tatsächlich noch eine zweite Perle von der Art, wie sie der nubische Händler so gerne haben wollte! Er ließ sich jedoch nichts anmerken und erstand die Perle nach langem Feilschen schließlich für 3000 Dinar. Schließlich wollte der Nubier ja das Zehnfache dafür zahlen …

El Aschar dagegen kehrte nach Hause zurück in der Gewißheit, 2500 Dinar verdient zu haben. Als ihm der Juwelier über eine Scheinadresse schriftlich die Nachricht vom Auftauchen einer zweiten schwarzen Perle mitteilte, erklärte er als der nubische Händler, er habe inzwischen seine Verlobung gelöst und kein Interesse mehr an dem Schmuckstück."

„Eine traurige Geschichte", bemerkte Budur. „Jetzt kann ich die Wut des Juweliers ganz gut verstehen, als er erfuhr, daß El Aschar hinter der Geschichte steckte."

„Geschichten dieser Art hört man immer wieder", erzählte Scheherezade weiter. „Ich erinnere mich zum Beispiel an den Betrüger, der mit seinem als Diener verkleideten Komplizen im Rolls Royce vor einem französischen Casino vorfuhr. Am ersten Tag verlor er 100.000 Francs beim Setzen auf Rot. Am nächsten Tag wiederholte sich das Spiel. Eine Woche später kam der Komplize alleine und machte dem Croupier einen Vorschlag: 'Mein Chef ist krank; ich soll aber hier für ihn ein paar Tage lang jeden Tag 100.000 Francs auf Rot setzen. Daß ich verliere, ist doch klar. Wie wäre es, wenn wir uns das Geld einfach teilen? Dann hätten wir beide jeder

50.000.' Der Croupier war einverstanden. Was er jedoch nicht wußte: Es war noch ein weiterer Komplize des Betrügers im Saal, der jedesmal die entsprechende Summe auf Schwarz setzte. Einer der beiden gewann also immer, während das Casino leer ausging. Sehr geschickt!"

In diesem Augenblick erkannte Scheherezade, daß der Morgen gekommen war, und schwieg.

Achtzehnte Nacht
Die gerechte Teilung

Die junge Zephyra war wütend.

„Du hast schon wieder das größte Stück genommen. Das ist einfach unmöglich!"

Ihr Cousin Mahmoud war zu Besuch, und sie verspeisten gerade leckere Rumtörtchen. Höflichkeit war nicht gerade Mahmouds Stärke. Jedesmal, wenn sie einen Kuchen aufteilten, nahm er sich das größte Stück.

„Meine Anstandsdame hat mir beigebracht, wer höflich ist, nimmt immer das kleinste Stück", erklärte Zephyra.

„Dann verstehe ich gar nicht, warum du dich aufregst", meinte ihr Cousin schmatzend, „du *hast* doch das kleinste Stück".

Iblis kam vorbeigeschwebt. Zur Zeit war es gähnend langweilig im Palast, und der Streit der beiden kam ihm gerade recht.

„Jetzt machen wir es einmal anders", entschied Zephyra. „Ich teile den Kuchen in zwei Teile und passe natürlich auf, daß sie möglichst gleich groß sind. Dann suchst du dir dein Stück aus, und wir sind beide zufrieden."

„Genau", fügte Iblis hinzu, „jeder hat das Gefühl, bekommen zu haben, was ihm zusteht, aber auch, daß der andere nicht mehr bekommen hat als er selbst. Aber Vorsicht, dies sind zwei verschiedene Dinge, sobald mehr als zwei Personen an einem Teilungsvorgang beteiligt sind. Seht her, da kommt ja Samkolsum! Da können wir gleich die Probe aufs Exempel machen."

Samkolsum war die beste Freundin Zephyras. Sie hatte einen Ring, eine Halskette und einen Armreif dabei, die ihr ihr Vater für sie und ihre Freunde mitgegeben hatte.

„Ich möchte den Ring haben", erklärte Mahmoud, „er gefällt mir am besten und ist auch am meisten wert".

Damit waren Zephyra und Samkolsum einverstanden. Sie waren davon überzeugt, daß sowohl die Halskette als auch der Armreif viel mehr als der Ring wert waren. Wenn jetzt noch eine der beiden den Armreif und die andere die Halskette gewählt hätten, dann wäre die ganze Sache einfach gewesen. Leider wählten beide die Halskette als erste und den Armreif als zweite Präferenz. Es mußte also gelost werden, wobei Zephyra gewann.

	Präferenzen		
	Ring	Kette	Armreif
Zephyra	3	1	2
Samkolsum	3	1	2
Mahmud	1	2	3

„Ihr seht also", erklärte Iblis, „jeder von euch dreien hat das Gefühl, mindestens so viel bekommen zu haben, wie ihm zusteht, also ein Drittel. Dennoch ist Samkolsum nicht ganz zufrieden, denn sie glaubt, daß Zephyra mehr bekommen hat als sie selbst. Die Teilung war gerecht, aber nicht für alle zufriedenstellend."

Sie machten sich noch Gedanken über diesen subtilen Unterschied, als ein Diener einen weiteren Kuchen für die drei brachte.

„Könnten wir wohl diesen Kuchen gleichzeitig gerecht und für alle zufriedenstellend aufteilen?" fragten sie Iblis.

„Wir könnten es versuchen. Eine Möglichkeit bestünde darin, zunächst einen ersten Schnitt vom Mittelpunkt des Kuchens zum Rand zu machen. Dann führt man von diesem Schnitt ausgehend das Messer wie einen Uhrzeiger langsam um den Mittelpunkt herum. Sobald einer von euch das Gefühl hat, das markierte Kuchenstück sei ausreichend, ruft er 'Stop!' und nimmt das Stück. Mit dem Rest des Kuchens verfahrt ihr dann entsprechend."

Samkolsum, die die schwächsten Nerven hatte, rief als erste Stop. Zephyra war geduldiger und konnte sich über das dritte und letzte Stück freuen – das war das größte. Bei dieser Aufteilungstechnik ist es sinnvoll, möglichst lange zu zögern, denn in der Regel schneidet der letzte am besten ab.

„Leider funktioniert diese Methode nicht mit Juwelen oder anderen Dingen, die man nicht zerschneiden kann", bemerkte Zephyra. „Bei den Piraten, die für unseren König über die Meere fahren, geht es bei der Verteilung der Beute sicher nicht so harmlos zu wie bei uns. Ich frage mich überhaupt, wo dein Vater diese Schmuckstücke her hat, Samkolsum."

Sie schauten aus dem Fenster und sahen zwei große, bärtige Piraten, die gerade in Ketten zum Gefängnis geführt wurden.

„Für die beiden dort war die Aufteilung wohl weder gerecht noch zufriedenstellend ..."

„Es ist sehr viel einfacher, eine Teilungsmethode zu finden, bei der jeder das Gefühl hat, er habe mindestens den Anteil des Ganzen erhalten, der ihm zusteht, als eine Methode, bei der jeder das Gefühl hat, er habe mindestens genausoviel wie die anderen bekommen", bemerkte Scheherezade. „Die Methode mit dem rotierenden Messer ist für Mathematiker nicht sehr zufriedenstellend, denn dabei müssen unendlich viele Einzelentscheidungen getroffen werden – praktisch für jede Position des Messers. Die Mathematiker bevorzugen dagegen Rechenverfahren – Algorithmen – mit endlich vielen Schritten. 1944 beschrieb der Mathematiker

Steinhaus eine 'gerechte' Teilungsmethode für drei Personen, die aus neun Einzelschritten besteht. Eine 'alle zufriedenstellende' Methode für drei Teilnehmer wurde dagegen erst in den 60er Jahren von J. H. Conway gefunden. Eine 'alle zufriedenstellende' Methode für vier Teilnehmer mußte sogar bis 1995 warten. Sie umfaßt 20 Einzelschritte."

In diesem Augenblick erkannte Scheherezade, daß der Morgen gekommen war, und schwieg.

Neunzehnte Nacht
Auf glühenden Kohlen

Wieder einmal war die Zeit für das Jahrestreffen der Fakire in Samarkand gekommen. Der ganze Hofstaat begab sich zu dem Spektakel. Alle umringten den König, nur die neugierige Laab lief ständig hin und her und berichtete Schahsaman von den neuesten Kuriositäten.

Gebannt verfolgten sie Feuerschlucker und Schlangenbeschwörer, schwebende Jungfrauen und Fakire auf Nagelbrettern. Nur der Dschinn Iblis schmollte etwas. Er hätte gar zu gerne alle Tricks erklärt, aber niemand wollte ihm zuhören. Und man verzeiht ja viel eher denen, die einen gelangweilt haben, als denen, die man selbst gelangweilt hat. Zum Glück konnte er schließlich Laabs Interesse gewinnen.

An einer Ecke des Platzes hatte man einen Teppich aus glühenden Kohlen aufgeschichtet, den einer der Fakire barfuß überschreiten wollte. Er bereitete sich schon vor und wusch sich gerade die Füße.

„Aber er wird sich fürchterlich verbrennen.* Laß uns weitergehen", meinte Irwana.

„Nein, das tut überhaupt nicht weh", wußte Laab, der Iblis die ganze Sache erklärt hatte. „Ich werde es dem Fakir sogar selbst nachmachen!" verkündete sie siegesgewiß.

„Tatsächlich ist das Ganze ungefährlich, wenn man sich richtig vorbereitet", erklärte nun Iblis auch den anderen. „Schaut nur, was der Fakir macht: Er wäscht sich die Füße."

Dann ging es los. Langsam schritt der Fakir voran, und in seinem Gesicht waren keinerlei Anzeichen von Schmerz zu erkennen.

Alle staunten, und Iblis erklärte das Rätsel: „Beim Kontakt mit der Glut verdampft das Wasser auf der Haut, und es bildet sich eine Art Luftkissen aus Dampf, das die Wärme sehr schlecht leitet. Das ver-

---

*   „Wer das Leiden fürchtet, leidet schon an seiner Furcht", meinte Montaigne.

dampfte Wasser wird durch Schweiß ersetzt. Er darf bloß nicht zu schnell gehen, sonst tauchen seine Füße zu tief in die Glut ein."

„Ich bin soweit", rief Laab. „Ich habe mit dem Fakir gesprochen, und er ist einverstanden."

„Was für ein mutiges Kind!" staunte der König. „Ja, die Gesetze der Physik verstehen und sie am eigenen Leib ausprobieren sind tatsächlich zwei Paar Schuhe."

„Mut? Sie hat doch nicht mehr alle Tassen im Schrank", murmelte Irwana entgeistert.*

Iblis erklärte nun, daß sogar Schriftsteller dieses physikalische Prinzip bereits aufgegriffen hatten. So rettete Jules Verne seinen Romanhelden Michael Strogoff vor der Blindheit. Die Tataren, die Stro-

---

* Von allen furchtsamen Menschen sind die am gefährlichsten, die fürchten, sie seien nicht mutig genug (Auguste Detœuf).

goff gefangengenommen hatten, wollten ihn dadurch blenden, daß sie ihm ein glühendes Schwert vor die Augen hielten. In diesem Moment erschien ihm das Bild seiner Mutter, Tränen schossen ihm in die Augen, verdampften, und der Dampf bildete für die Augen eine Isolationsschicht gegen die Hitze und bewahrte ihn vor der Erblindung.

„Schaut, sie geht los!" rief Zephyra.

Laab atmete heftig, aber sie lief doch mutig über die Glut. Am Ende ließ sie sich in die Arme des Fakirs fallen.

„Nun, wie war's?" fragte Zephyra.

„Gegen Ende wird es schon ein wenig brenzlig, aber es läßt sich aushalten. Willst du auch mal?"

„Ich weiß nicht recht. Ich war noch nie gut in Physik. Außerdem habe ich noch lange nicht die Weisheit eines Fakirs: Meine Chakren brauchen noch eine gute Portion Prana, um sich mit meinem Chi zu verbinden ..."*

„Gute Köche testen die Temperatur des Fettes zum Braten, indem sie einen kleinen Wassertropfen in die Pfanne geben", fuhr Scheherezade fort. „Wenn das Fett noch nicht heiß genug ist, verteilt sich das Wasser auf der Oberfläche und zischt. Ist die Temperatur hoch genug, tanzt der Tropfen auf dem Fett hin und her. Je heißer die Pfanne ist, desto länger halten sich die Tropfen! Der Tropfen tanzt auf einer dünnen Schicht aus Dampf, und wie bei dem Fakir kühlt dieser Dampf auch den Wassertropfen ab. Der Effekt wurde 1756 von dem deutschen Mediziner Leidenfrost entdeckt."

In diesem Augenblick erkannte Scheherezade, daß der Morgen gekommen war, und schwieg.

---

* Diese Begriffe stammen aus der Philosophie des Hinduismus und werden gerne von Anhängern der New-Age-Bewegung benutzt, um alle möglichen seltsamen oder schwer erklärbaren Phänomene als Beweis der Macht des Geistes über die Materie auszugeben. Einige sind sogar überzeugt davon, diese „Macht des Geistes" könne man durch Training stärken.

Zwanzigste Nacht
Der unendliche Wägevorgang

Der junge Mathematiker Hussein, Schüler eines Schülers des großen Bourbaki, war einer Einladung an den Hof von König Schahsaman gefolgt. Seit Tagen wurde nur noch über Mathematik gesprochen.

„Man muß zugeben, daß er gut aussieht", meinte Irwana. „So wie diesmal haben sich die Mädchen am Hof noch nie für Mathematik interessiert. Sogar ich fange langsam an, mich für diese Königin der Wissenschaften zu begeistern."

Der königliche Geologe war etwas eingeschnappt: Man hatte ihm die Schau gestohlen.

Gerade war der Jungstar dabei, mit ebenso ausladenden Formeln wie Armbewegungen zu erklären, warum die Summe 1 + 1/2 + 1/4 + 1/8 + ... und so weiter gleich 2 war.

„Diese ganzen Formeln sind völlig überflüssig", meldete sich der Geologe zu Wort. „Nehmt einfach ein Stoffband von zwei Metern Länge. Markiert es dann in der Hälfte, also bei einem Meter, dann wieder in der Hälfte, bei fünfzig Zentimetern, in der Hälfte der Hälfte und so weiter. Es leuchtet sofort ein, daß die Summe der Längen aller Teilstücke des Bandes genau zwei Meter ergibt. Was zu beweisen war. Diese ganzen mathematischen Spitzfindigkeiten kann man sich doch sparen."

Die Beweisführung des Geologen war eindrucksvoll, aber der Mathematiker hatte den Reiz des Neuen und seinen Charme auf seiner Seite. Eins zu eins, urteilte das Publikum.

Nun stand der Philosophielehrer auf und berichtete von einem gewissen Achill, einem Griechen, der einmal einer Schildkröte hinterherrannte. Obwohl er viel schneller als die Schildkröte war, erreichte er sie doch niemals, wie die Philosophen herausgefunden hatten: Er näherte sich zunächst dem Reptil auf die Hälfte der ursprünglichen Entfernung, dann legte er auch noch die Hälfte des restlichen Weges zurück. Auch von der dann übrigen Strecke rannte er wieder die Hälfte und so weiter und so weiter. Aber bei der Schildkröte kam er eben nie an.

„Aber der Läufer braucht für jede der Etappen nur die Hälfte der Zeit wie für die vorhergehende", wandte der Mathematiker ein, „und irgendwann wird er die Schildkröte eben doch eingeholt haben. Die Summe einer unendlichen Folge von Termen kann durchaus endlich sein, hier zum Beispiel die Zahl 2. 'Was zu beweisen war', wie unser Freund, der königliche Geologe, sagen würde."

Angesichts der Koalition von Mathematiker und Geologe, die sich in diesem Moment gegen ihn verbündet hatten, mußte der Philosoph klein beigeben. Er wirkte richtig niedergeschlagen, so daß Zephyra ihm, um ihn zu trösten, ein Manuskript in die Hand drückte, das König Schahsaman gerade von einem seiner Freunde erhalten hatte.

„Ich habe es doppelt, aber noch nicht gelesen", hatte der König gemeint. „Entweder man sammelt Bücher oder man liest sie tatsächlich. Man muß sich entscheiden. Ich jedenfalls sammle. Mach damit, was du willst."

Der Philosoph nahm es und begann gleich mit der Lektüre. Am nächten Morgen rief er die Hofgesellschaft zusammen. Ein feines Lächeln umspielte seine Züge.

„Schaut her auf diese Balkenwaage und diese Kugel", erklärte er.

„Er fängt mit etwas Praktischem an und nicht mit einer Theorie. Das ist ja schon mal ein Fortschritt", brummte der Geologe.

„Und nun", fuhr der Philosoph fort, „lege ich die Kugel für eine Sekunde in die rechte Waagschale, danach für eine halbe Sekunde in die linke, anschließend für eine viertel in die rechte und so weiter. Ihr seht, worauf ich hinaus will, werter Kollege Mathematiker?"

Dieser wurde blaß, denn er ahnte, worauf die Sache hinauslief.

„Nach zwei Sekunden ist also, wie Ihr gestern gezeigt habt, das Hin- und Herwechseln beendet. Und die Kugel liegt in der einen – oder in der anderen Waagschale. Aber in welcher, meine Herren Kollegen?"

„Eine interessante Frage, gewiß, aber ohne praktische Relevanz", meinte der Geologe. „Schließlich könnt Ihr ja schon sehr bald nicht mehr die Kugeln schnell genug von einer Schale in die andere legen. Und ein unendlich schneller Transport würde ebenso im Widerspruch

zur Relativitätstheorie stehen wie zu den Prinzipien der Quantenmechanik.“

Der Philosoph schaute leicht verunsichert.

„Die Behauptung, die Kugel befinde sich am Schluß in der einen oder der anderen Schale, ist doch gleichbedeutend mit der Annahme, die Reihe der Wägevorgänge nach 1/2, 1/4, 1/8 etc. Sekunden habe ein letztes Element. Dies ist jedoch nicht der Fall, und daher ist einfach die Frage falsch gestellt“, setzte der Mathematiker noch eins drauf.

Das konnten wiederum die Zuhörer nicht mehr nachvollziehen, und der Mathematiker wurde ausgebuht.

„Also mit dieser Argumentation hätte auch Achill seine Schildkröte niemals eingeholt", meinte Zephyra verärgert. „Diese Mathematiker! Wenn sie nicht weiter wissen, sagen sie einfach, das Problem ist falsch gestellt. Das ist doch würdelos!"

Jetzt meldete sich sogar der König zu Wort.

„Aber alles in allem finde ich diese Sache doch interessant. Erinnert ihr euch an die Schwierigkeiten, die ich einmal mit den Nachkommastellen von π hatte? Baut mir doch einmal eine solche Maschine, die die erste Dezimale in einer Sekunde findet, die zweite in einer halben, die dritte in einer drittel und so weiter. In zwei Sekunden hätte ich dann alle Dezimalen, die ich bräuchte, um sämtliche Bücher meiner Bibliothek zu lesen. Sicher, das dürfte ein teurer Spaß werden, aber sei's drum."

Er setzte das wohlgefällige Lächeln der reichen Mäzene auf.

„Aber ich will auch Resultate sehen", fügte er hinzu. „Andernfalls drehe ich euch zuerst den Geldhahn ab, und dann wird sich Yatagan um euch kümmern ..."

Die drei Wissenschaftler waren erst etwas erschrocken, doch dann kam dem Philosophen der rettende Gedanke:

„Wir werden dem Problem selbstverständlich höchste Priorität einräumen", erklärte er. „Als erstes gründen wir gleich heute eine interdisziplinäre, multifunktionelle Integrationskommission zur nachhaltigen Definition dieser infiniten Problematik ..."

Damit war der König erst einmal zufrieden. Die drei Forscher jedoch lächelten still und weise, denn mit Kommissionen kannten sie sich aus.

„Diese Geschichten, die mit den endlichen Eigenschaften der Unendlichkeit spielen, bleiben immer ein wenig rätselhaft", schloß Scheherezade. „Der englische Mathematiker John Littlewood (1885-1977) erfand eine, die weniger bekannt ist. Stellen Sie sich Kugeln vor, die mit 1, 2, 3 usw. gekennzeichnet sind. Eine Minute vor Mitternacht legen Sie die Kugeln 1 bis 10 in einen Hut und nehmen Kugel Nummer 1 wieder heraus. Eine halbe Minute vor Mitternacht fügen Sie die Kugeln 11 bis 20 dazu und nehmen Kugel Nummer 2 heraus. Eine drittel Minute vor Mitternacht geschieht das gleiche mit den Kugeln 21 bis 30, und Kugel 3 wird

entfernt und so weiter. Wie viele Kugeln liegen um Mitternacht in dem Hut?

Gar keine, so Littlewood, denn jede beliebige Kugel wurde zuvor aus dem Hut entfernt, Kugel Nummer 106 zum Beispiel 1/106. Minute vor Mitternacht.

In die gleiche Richtung geht die von Bertrand Russell überlieferte Geschichte des Tristam Shandy, der ein Jahr damit verbringt, den ersten Tag seines Lebens zu beschreiben. Im zweiten Jahr schreibt er den Bericht über seinen zweiten Lebenstag und so weiter. Wenn Shandy unsterblich ist, bleibt kein Kapitel seines Lebens ungeschrieben, denn in jedem Jahr entsteht ja der Bericht über einen Lebenstag. Dennoch sammelt sich ein immer größerer Rückstand an, der schließlich unendlich wird."

In diesem Augenblick erkannte Scheherezade, daß der Morgen gekommen war, und schwieg.

Einundzwanzigste Nacht
Der Knoten der Intrige

„Hier haben wir den Kreuzknoten, hier den Überhandknoten und hier … den Achtknoten. Dann wären hier noch Palstek, Schotstek, Stopperstek und Webeleinstek! Ich sammle jetzt nämlich Knoten, mein lieber Abdalah, und der Händler El Aschar, ein guter Freund von mir, liefert mir ständig neue. Einer komplizierter und schöner als der andere."

König Schahsaman hatte ein neues Sammelgebiet entdeckt und wollte die nächste Technikausstellung in Samarkand damit beglücken. Er hatte den Journalisten Abdalah eingeladen, um einen guten Vorbericht in der Presse zu haben. Abdalah hatte ein sehr beliebtes Sensationsblatt gegründet, und auch der König kannte die Macht der Presse.

„Warum sind denn die Enden eurer Knoten zusammengebunden?", wollte der Jounalist wissen.

„Das sind mathematische Knoten. Die gewöhnlichen Knoten mit freien Enden sind zu leicht zu lösen: Es braucht ja nur etwas Geduld, und man kann ein freies Ende durch alle Schlaufen schieben."

„Und darf man diese Mathematikerknoten verändern, indem man zum Beispiel einzelne Schlaufen vergrößert oder ineinander schiebt?" fragte Abdalah weiter.

Schahsaman freute sich über das Interesse des Schreiberlings.

„Man kann praktisch alles machen, ohne den Charakter des Knotens zu verändern; man darf bloß nicht das Seil entzweischneiden. Schaut nur meine letzte Erwerbung, wie schön und kompliziert dieser Knoten ist. El Aschar hat riesige Fortschritte gemacht; sein erster Knoten hatte nur eine einzige Schleife."

Abdalah zeichnete den komplizierten Knoten in sein Notizbuch, bedankte sich, bediente sich noch hastig am kalten Büffet und verließ den Palast.

Im Harem spielte sich währenddessen Ungewöhnliches ab. Sämtliche Frauen saßen da und strickten. Sie produzierten Maschen mit dem Kreuzanschlag, die, wie ja jeder weiß, das Äquivalent zum Kleeblattknoten bilden.

Nach der einfachen Schlaufe handelt es sich hierbei um den einfachsten aller Knoten. Deshalb ist es ja auch so leicht, eine Strickerei wieder aufzuziehen: Es genügt, den Strickvorgang umzukehren, indem man alle Schlaufen durch eine Nachbarschlaufe zieht – und dazu reicht es, am Wollfaden zu ziehen.

„Zwei links, zwei rechts ", meckerte Laab, „das ist doch kein Haremsleben mehr, ich komme mir vor wie in einer Textilfabrik. Mir brummt schon der Schädel von diesem ganzen Geklappere."

Stricken war ihre Sache nicht. Sie schaute aus dem Fenster und erblickte Abdalah, der mit einer Schnur kämpfte. Plötzlich rief er laut: „Ich hab's, ich hab's", und stürzte in den Laden von El Aschar.

Dieser empfing den Journalisten etwas beunruhigt, denn ihm schwante nichts Gutes.

„Ihr habt den Knoten überspannt, El Aschar", meinte Abdalah. „Ihr habt die mathematische Unkenntnis unseres guten Königs ausgenutzt. Hier dieser Knoten, den ihr ihm teuer verkauft habt: Ich brauche nur an dieser Schlaufe zu ziehen und dieses Ende hier durchzuziehen, und prompt habe ich wieder einen dieser billigen Einfachknoten. Was für eine Dreistigkeit! Ich frage mich bloß, wie ihr mich überzeugen wollt, daß ich darüber keinen Bericht schreibe."

El Aschar drückte sich nicht lange um eine Antwort. Er erklärte, daß sogar die besten Mathematiker nicht immer gleich erkennen können, ob zwei Knoten eigentlich identisch sind, und daß er wohl, leiderleider, selbst das Opfer eines Betrugs geworden sei. Doch Abdalah lachte nur und rieb seinen Daumen an der Spitze seines Zeigefingers.

El Aschar hatte schon viel an Abdalah zahlen müssen, damit dieser *nicht* in seiner Zeitung über seine Aktivitäten berichtete. Und weil der Händler den Zorn des Königs fürchtete, zahlte er auch diesmal.

Als Abdalah nach Hause ging, grinste er zufrieden. „Und jetzt zu uns beiden, Schahsaman ..."

Er wollte die Eröffnungszeremonie der Technikausstellung abwarten, um die Naivität und Unwissenheit des Königs bloßzustellen. Schon mancher Herrscher war über weniger gestürzt ... Er erbat eine erneute Audienz beim König und um die Erlaubnis, sich die Knotensammlung nochmals anzusehen. Dabei fiel ihm auf, daß noch weitere Knoten gar nicht neu waren, sondern mit anderen identisch. Er freute sich schon auf den Skandal.

Schließlich war der große Tag gekommen, und alle warteten auf das Erscheinen des Königs. Endlich war es so weit, und der Hofstaat zog ein. Der Herrscher trug einen dicken Wollpullover, den ihm Irwana gestrickt hatte. Auch die Lieblingsfrauen des Königs trugen Selbstgestricktes: Hier ein Muff, dort eine Wollmütze, auch Waden-

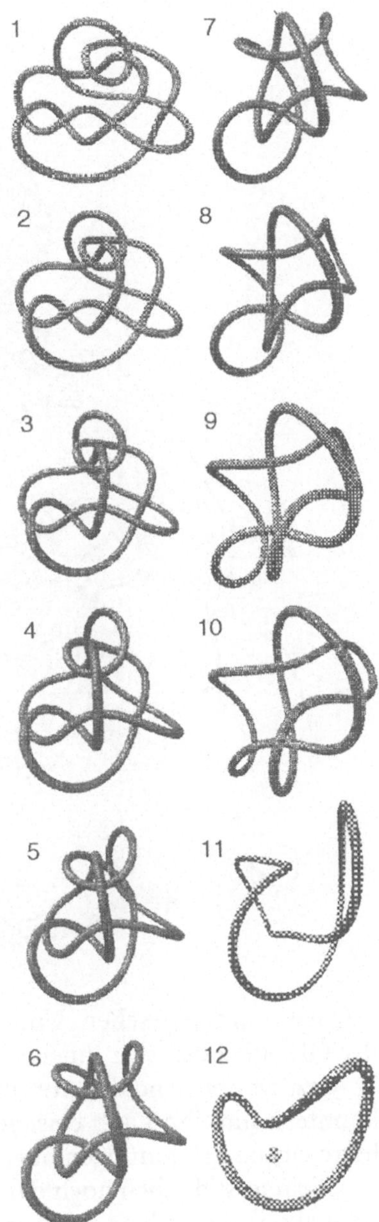

wärmer wurden gesehen. Und das im August – die Aufmerksamkeit der Öffentlichkeit war ihnen gewiß, das Spektakel gelungen.

Jetzt wartete Abdalah auf seine Stunde, doch bevor er etwas sagen konnte, nahm ihn Laab beiseite. Sie mißtraute ihm schon lange und hatte eigene Erkundungen über ihn angestellt.

„Erinnerst du dich noch daran," flüsterte sie ihm zu, „als du noch Artikel wie diesen hier geschrieben hast? Ich zitiere:

'Der König, dieser dicke Fettwanst, diese trübe Tasse, von dem keiner weiß, ...'
Muß ich noch weiterlesen? Damals benutztest du das Pseudonym Haladba. Aber zu der Zeit warst du auch noch mit meiner Schwester liiert, und die hat die ganzen Schmierzettel aufgehoben! Mein Schweigen gegen deins, mein liebster Haladba.“
Verärgert gab sich Abdalah für dieses Mal geschlagen, und König Schahsaman hat nie etwas davon erfahren.

„Am Ende des 19. Jahrhunderts stellten die Physiker Tait und Thomson die Grundlagen einer 'Theorie der Knoten' auf“, erklärte Scheherezade. „Sie dachten, die Verbindungen zwischen Molekülen bestünden aus Ätherknoten. Ihre Theorie erwies sich zwar als falsch, aber die wissenschaftliche Beschäftigung mit den Knoten war geboren. Heute beschäftigen sich Mathematiker und Physiker mit einer Verallgemeinerung, der 'String-' ('Schnüre-')theorie.
Was die Knoten betrifft, bleibt eine grundlegende Frage immer noch unbeantwortet: Wie kann man entscheiden, ob zwei Knoten wirklich unterschiedlich sind? Ein interessantes Hilfsmittel sind dabei die sogenannten 'Invarianten': Eine Invariante ist eine Eigenschaft eines Knotens, die sich nicht verändert, wenn man zum Beispiel eine Schleife unter eine andere schiebt, ohne das Seil zu zertrennen. Ein Konstrukt, mit dem man einen Knoten vollständig mathematisch beschreiben kann, ist jedoch noch nicht gefunden.
Das Knüpfen von Knoten war ursprünglich eine Kunst der Seeleute, aber längst sind diese Gebilde auch für die Naturwissenschaft interessant. Biologen beschäftigen sich damit, wenn sie die Eigenschaften der Erbsubstanz DNA untersuchen (die ja auch ein fadenförmiges Gebilde ist), Physiker untersuchen die Eigenschaften unterschiedlich verknoteter Kunststoffpolymere, und Chemiker können heute sogar verknotete Moleküle herstellen.“

In diesem Augenblick erkannte Scheherezade, daß der Morgen gekommen war, und schwieg.

Zweiundzwanzigste Nacht
Von der Wahrheit

Sindbad hatte zu einem Vortrag über seine letzte Reise eingeladen, und die gespannten Zuhörer wurden wieder einmal nicht enttäuscht.

„Die Wogen wurden immer weiter hochgepeitscht, und schwere Brecher donnerten an den Rumpf unseres Schiffes. Die Gischt war so stark, daß kaum noch der Himmel zu sehen war, und wilde Blitze zuckten über das Firmament. Auf einmal brach das Ruder, und wir glaubten uns schon verloren. Unsere letzte Stunde schien geschlagen zu haben, als plötzlich der Ausguck losschrie: 'Land in Sicht!'

Am Horizont zeichneten sich Berge ab. Die Silhouette kam mir bekannt vor, und gleich fuhr mir ein weiterer Schreck durch die Glieder: Wir trieben vor Lepenistan, einem Land, von dem man nur Übles gehört hatte. Kaum ein Fremder war je von dort zurückgekehrt, und die Schiffahrt zu dieser ungastlichen Küste war schon lange eingestellt.

'Wir haben keine andere Wahl', rief Giaffar, mein Adjudant. 'Wir müssen an Land gehen, oder wir werden jämmerlich ertrinken.'

Giaffars Logik war wie immer bestechend, und so retteten wir uns mit Mühe ans Ufer dieses schaurigen Landes.

Kaum angekommen, wurden wir auch schon von den Soldaten des Despoten festgenommen und zum Palast geschleppt. Dort thronte bereits der Emir von Lepenistan, Deuk Anar. Der Saal war ganz in Schwarz und Dunkelrot gehalten, was die düstere Atmosphäre noch verstärkte.

'Die Bewohner von Lepenistan mögen keine Fremden, denn die stinken alle. Dennoch – in unserer grenzenlosen Güte wollen wir euch eine Chance geben', verkündete Deuk Anar.

Wir schlotterten vor Kälte, Hunger und Angst. Nur unser guter Giaffar behielt die Nerven. Ein Glück, denn sonst wären wir sicher heute nicht mehr hier.

Deuk Anar dröhnte weiter: 'Unser Henker wird euch eine Frage stellen. Wenn ihr bei eurer Antwort die Wahrheit sagt, dann werdet ihr der Göttin der Wahrheit geopfert. Wenn nicht, dann dem Götzen der Lüge. Uns soll keiner nachsagen, wir kümmerten uns nicht um unsere Gäste, und ich hoffe, ihr wißt unsere Bemühungen zu schätzen. Her mit dem Henker!'

Wir waren wie versteinert. Die Sache erschien aussichtslos. Der Henker betrat den Saal und schwang einen riesigen Säbel.

'Stellt eure Frage, Henker', befahl der Emir.

Giaffar wollte als erster antworten. Todesmutig trat er vor.

'Auf welche Art', fragte der Henker ihn nun, 'werdet ihr sterben'?

Deuk Anar grinste höhnisch, und wir alle hielten unseren Adjudanten für verloren. So eine infame Frage! Doch Giaffar dachte kurz nach und antwortete dann:

'Ich werde eurem Götzen der Lüge geopfert!'

Der Emir war zunächst verblüfft, doch dann schien er wie vom Blitz getroffen. Damit hatte er nicht gerechnet. Mit dieser Antwort war es nicht mehr möglich, sein eigenes Gesetz anzuwenden!"

„Stimmt!" rief Laab. „Wenn Giaffar dem Götzen der Lüge geopfert worden wäre, dann hätte er ja die Wahrheit gesagt. In diesem Fall hätte er aber der Göttin der Wahrheit geopfert werden müssen. Im anderen Fall hätte er gelogen, dann aber für den Götzen der Lüge sterben müssen. Für den Emir eine ausweglose Situation."

Sindbad nickte.

„Giaffars Antwort löste großes Rumoren im Saal aus. Der Henker war völlig außer sich, und der Emir beratschlagte mit seinen Ministern. Wir aber nutzten den entstandenen Tumult, um uns aus dem Staub zu machen, kaperten im Hafen ein Schiff und konnten glücklich die Heimreise antreten."

Schahsaman erhob sich, und alle applaudierten Sindbad und Giaffar. Selbst der kleine Schiffsjunge strahlte über beide Ohren.

„Der Emir saß in der Falle. Diesem Widerspruch konnte er nicht entkommen", wiederholte Laab.

„Von wegen", wandte Irwana ein, „er hätte doch auch behaupten können: 'Als Emir habe ich das Recht, mir zu widersprechen.'"

Darauf wollte Giaffar etwas erwidern, aber Laab kam ihm zuvor: „Wenn man diesen Satz auf sich selbst anwendet, dann hat er das Recht, sich zu widersprechen, wenn er behauptet, daß er sich widersprechen kann. Also konnte sich der Emir tatsächlich nicht widersprechen."

„Dieses Paradoxon kommt schon in Don Quijote *vor", erzählte Scheherezade weiter. „Dort lautete das Gesetz zum Überschreiten einer bestimmten Brücke folgendermaßen: Wer die Wahrheit über das Ziel seiner Reise sagte, durfte passieren. Wer nicht die Wahrheit sagte, wurde sofort am Galgen bei dem Brückenposten aufgehängt. Eines Tages kam ein Reisender, der angab, er sei nur hergekommen, weil er am Galgen gehängt werden würde. Weil er die Wahrheit sagte, hätte man ihn durchlassen müssen und nicht hängen dürfen. In diesem Fall hätte er aber die Unwahrheit gesagt und damit nach dem Gesetz den Tod verdient."*

In diesem Augenblick erkannte Scheherezade, daß der Morgen gekommen war, und schwieg.

Dreiundzwanzigste Nacht
Die untreuen Frauen

„Ehemänner sind etwas Schreckliches", dachte Laab. „Ständig sind sie mißtrauisch und von morgens bis abends eifersüchtig. Ich heirate nie!"

„Wen sollte die Lieblingsdame des Königs auch wohl heiraten", brummte der König mißmutig vor sich hin. Er war wütend. Der Chef der Geheimpolizei hatte ihm mitgeteilt, daß eine Menge Frauen seines Hofes untreu waren – ein schweres Verbrechen, auf das immer noch die Todesstrafe stand. Von den 40 Ehemännern am Hof sollten 10 betrogen worden sein. Natürlich kannte jeder Ehemann die untreuen Frauen, bis auf seine eigene Gattin. Deren Seitensprünge erfuhr jeder immer als letzter.

Schahsaman erklärte Laab die Lage. Sie hatte jedoch keinerlei Verständnis dafür.

„Was mischt Ihr Euch in das Eheleben dieser Leute ein, Majestät?" fragte sie unwirsch.

„Ich bin nun einmal der oberste Richter, und ich muß das Gesetz durchsetzen", meinte Schahsaman streng. „Wenn sie alle untreu wären, könnte man sie einfach alle hinrichten. Aber das ist nicht der Fall ... noch nicht."

„Was für eine barbarische Vorschrift!" Laab war entsetzt.

„Aber Gesetz ist Gesetz. Außerdem müssen alle durch die Hand ihres Ehemanns sterben, aber der ist ja immer der einzige, der über nichts Bescheid weiß. Was soll ich bloß tun?"

„Fragen wir doch einmal Iblis. Den habe ich auch schon lange nicht mehr gesehen."

Sie riefen den Dschinn herbei, und Laab erklärte ihm das Problem in wenigen Worten.

„Kein Problem", meinte Iblis darauf. „Verkündet einfach einen Erlaß, mit dem ihr bekanntgebt, daß einige Frauen in Samarkand un-

treu sind. Und daß jeder Ehemann die Pflicht hat, seine Frau zu bestrafen, sobald er sich ihres Verbrechens gewiß ist."

„Na gut, versuchen wir's", meinte der König. „Obwohl ich nicht
sehe, was das bringen soll, denn ein Ehemann, der von nichts weiß,
kann auch niemanden bestrafen."

Der Großwesir versammelte die Männer des Hofes und verkündete den neuen Erlaß. Gleich begannen viele der Männer zu kichern und
stießen ihren Nachbarn mit dem Ellbogen an. Einige sollten am besten gleich einmal ihre Säbel wetzen, meinten sie. In den meisten Fällen wußte allerdings der Nachbar jeweils viel besser Bescheid.

„Und was passiert jetzt?" wollte Laab wissen.

„Abwarten", meinte der Dschinn.

Am ersten Morgen geschah nichts. Die zehn untreuen Frauen waren erleichtert. Auch den zweiten und den dritten Morgen überlebten
alle. Die zehn dachten, es werde wohl doch alles nicht so schlimm
kommen – doch sie hatten sich getäuscht. Am zehnten Tag geschah
ein furchtbares Blutbad, und alle waren tot.

„Wie schrecklich, aber jetzt verstehe ich wenigstens das Prinzip",
meinte Laab, fester entschlossen denn je, nicht zu heiraten. „Jeder ge-
hörnte Ehemann kannte neun untreue Frauen, die anderen Ehemänner zehn. Am Morgen des zehnten Tages überlegten sich alle betrogenen Ehemänner folgendes:

'Ich kenne neun untreue Frauen. Wenn meine Frau treu wäre,
dann hätten die neun betrogenen Ehemänner ihre Frauen spätestens
am neunten Tag umgebracht. Weil dies noch nicht geschehen ist,
heißt das, es gibt zehn untreue Frauen. Eine davon muß meine sein.
Jetzt muß ich handeln."

„Und weil die nicht betrogenen Männer zehn untreue Frauen kannten, hätten sie noch einen Tag länger gewartet", fügte Iblis hinzu.

Der König war zwar zufrieden, daß ihm seine Gattin treu gewesen
war, aber so richtig verstand er das ganze immer noch nicht. Iblis kam
ihm zur Hilfe.

„Nehmen wir einmal kleinere Zahlen", meinte der Dschinn,
„dann ist es einfacher. Stellt Euch vor, es gibt nur eine einzige untreue
Frau. Alle Männer wissen Bescheid, nur ihr eigener Ehemann nicht.
Weil dieser aber keine einzige untreue Frau kennt, schließt er daraus,
daß es sich dabei um seine eigene handeln muß."

„Das leuchtet mir ein", meinte der König. „Wie sieht es mit zweien aus?"

„Jeder der beiden betrogenen Ehemänner kennt eine untreue Frau. Weil am ersten Tag noch niemand seine Frau umgebracht hat, weiß am zweiten Tag jeder der beiden, daß seine Frau schuldig sein muß. Und so weiter."

„Tatsächlich! So eine Unterhaltung unter Mathematikern ist wirklich interessant."

„Und ich kenne eine, die man eines Tages dabei erwischt, daß sie immer treu ist, obwohl sie immer mit ihren Affären angibt", erklärte Laab.

„Wer soll denn das sein?" wollte der König wissen.

Doch Laab erwiderte nichts und zog sich mit einem kleinen Lächeln auf den Lippen zurück.

In diesem Augenblick erkannte Scheherezade, daß der Morgen gekommen war, und schwieg.

Vierundzwanzigste Nacht
Der Katalog der Kataloge

König Schahsaman war wirklich stolz auf seine Bibliothek. Gerne spazierte er abends darin herum und genoß es, das Wissen der Welt so nahe zu spüren. Auch fremde Wissenschaftler waren oft zu Gast, um in den seltenen Werken zu forschen. Schahsaman fragte sie dann über ihr Leben, ihre Forschungsarbeiten und die Bräuche ihrer Heimatländer aus. Daher hatte er von den Besuchen mindestens ebensoviel wie seine Gäste.

Gegenwärtig arbeitete ein Linguist im Palast. Ihm zu Ehren gab der König ein kleines Abendessen, zu dem auch Laab, Irwana, Zephyra und der Logiker Giaffar eingeladen waren. Der Wissenschaftler genoß diese seltene Ehre.

„Nehmt noch ein wenig Wein, verehrter Herr", forderte Schahsaman den Linguisten auf, „und sagt uns dann, was ich an dieser Bibliothek noch verbessern kann, damit sie wirklich die schönste der Welt wird."

„Wenn Ihr mich so fragt", antwortete der Forscher, „dann wünschte ich mir einen Katalog Eurer Bücher, und ein Verzeichnis aller Bücher, die in Eurem Reich verstreut sind. Diese Kataloge müßten dann in allen Bibliotheken verfügbar sein, und auch in Eurer Bibliothek hättet Ihr dann eine komplette Liste."

„Und man könnte noch gleich einen Katalog dieser Kataloge anfertigen", meinte Laab.

Der König war von dieser Idee sehr angetan und schickte sogleich Boten in das ganze Land. Jeder Bibliotheksleiter sollte zwei Kataloge anfertigen und einen davon zum König schicken.

Doch bald gab es eine Schwierigkeit, mit der niemand gerechnet hatte. Auch der Katalog selbst, der oftmals zu einem dicken Wälzer geriet, stellte eines der Bücher der Bibliothek dar. Mußte nun dieser Katalog als Bestandteil der Bibliothek ebenfalls in dem Katalog erwähnt werden oder nicht?

Irwana, der Linguist und Laab waren der Meinung, daß dies notwendig sei, Zephyra war dagegen.

Bald erhielten sie Tausende Kataloge. Natürlich hatten einige der Kataloge sich selbst aufgeführt und andere nicht. Der Linguist bemerkte etwas wichtigtuerisch, daß die Autoren der ersten Gruppe von Katalogen eben die Vorschrift wörtlich genommen und die anderen sich etwas mehr geistige Freiheit gegönnt hätten.

Der Polizeichef war auf einen neuen Einfall gekommen: Könnte man nicht einen Katalog derjenigen Kataloge erstellen, die sich selber erwähnen, und einen derer, die sich nicht selber erwähnen?

Darüber mußte der Logiker Giaffar etwas länger nachdenken. Schließlich kam er zu dem Schluß: „Das ist unmöglich! Einen Katalog der Kataloge, die sich nicht selbst aufführen, kann es nicht geben."

„Selbst dann nicht, wenn dies mein königlicher Wunsch sein sollte?" fragte Schahsaman erstaunt. Manchmal ärgerte er sich etwas über die geistige Freiheit, die sich einige Wissenschaftler einfach so herausnahmen.*

„Es ist prinzipiell unmöglich", stellte Giaffar kurz und knapp fest. „Stellt Euch vor, ein solcher Katalog existierte tatsächlich. Das wäre dann der Katalog aller Kataloge, die sich nicht selbst aufführen."

„Nicht so schnell", unterbrach ihn Laab.

„Es kann dann also nur zwei Möglichkeiten geben: Entweder der Katalog erwähnt sich selbst – oder nicht. Angenommen, er erwähnt sich selbst. In diesem Fall wäre er einer der Kataloge, die sich selbst aufführen. Aber dann hätte er nichts in dem Katalog der Kataloge verloren, die sich nicht selbst aufführen."

„Also läßt er es bleiben", stellte Zephyra fest.

„Gut, aber in diesem Fall wäre er ja nun einer derjenigen Kataloge, die sich nicht selbst aufführen. Und damit gehörte er wiederum in den Katalog der Kataloge, die sich nicht selbst erwähnen. Ihr seht, diesen Katalog kann es gar nicht geben."

---

* Am Göttinger Mathematischen Institut unter der Leitung von Felix Klein gab es zwei Gruppen von Wissenschaftlern: diejenigen, die forschten, was sie wollten, und diejenigen, denen Klein die Themen vorschrieb. Welcher dieser Gruppen gehörte nun Klein selber an? Gar keiner. „Also ist er gar kein Mathematiker", wie seine Schüler bissig daraus folgerten …

„In beiden Fällen stößt man auf einen Widerspruch."

Schahsaman war ganz niedergeschlagen. Heutzutage war ja wirklich gar nichts mehr sicher.* Er wandte sich wieder an den Linguisten.

„Was haltet ihr von dieser Geschichte?" wollte er von ihm wissen.

„Auch bei uns in der Linguistik sind wir auf solche Probleme gestoßen. Wir unterscheiden 'autodeskriptive' und 'nicht-autodeskriptive' Wörter, also solche, die sich selbst richtig beschreiben und solche, die es nicht tun. So ist zum Beispiel das Wort *kurz* autodeskriptiv, denn es ist ja tatsächlich kurz, das Wort *lang* dagegen nicht-autodeskriptiv, denn es ist ja nicht lang, sondern ebenfalls kurz."

---

* Noch nicht einmal, daß heutzutage ja wirklich gar nichts mehr sicher ist …

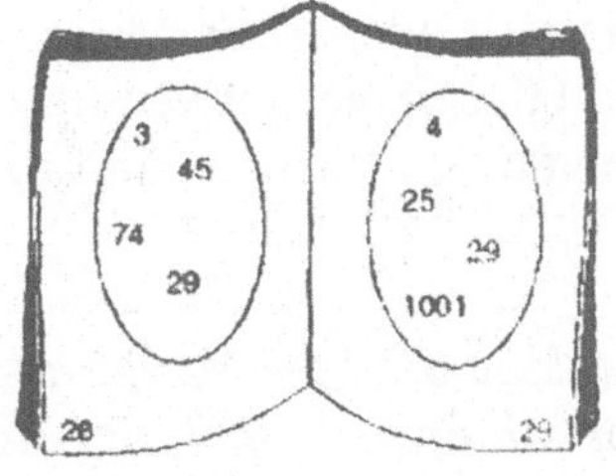

28 sei eine gewöhnliche Zahl: Sie ist nicht Element der Menge, die auf Seite 28 dargestellt ist.

29 sei eine außergewöhnliche Zahl: Sie ist Element der Menge, die auf Seite 29 dargestellt ist.

Die Menge der gewöhnlichen Zahlen kann auf keiner Seite des Buches dargestellt werden.

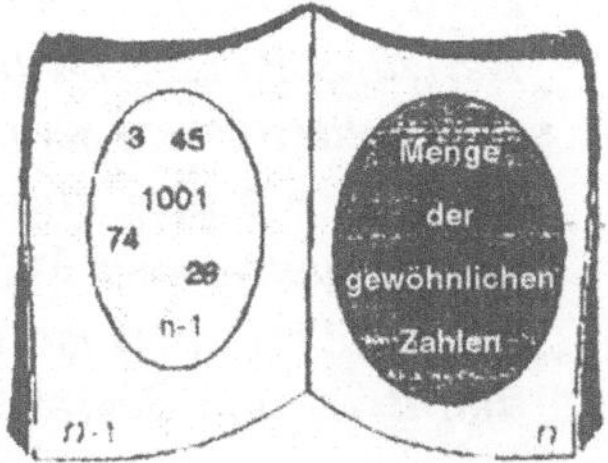

„Habt ihr noch weitere Beispiele?" fragte Laab etwas verwirrt.

„Gewiß doch! So sind die Wörter *mehrsilbig, deutsch* und *gedruckt* alle autodeskriptiv, während die Wörter *einsilbig, französisch* und *rot* nicht-autodeskriptiv sind."

„Und was soll das Ganze?" wollte jetzt der König wissen.

„Das Problem tauchte bei dem Begriff *nicht-autodeskriptiv* auf. Ist er autodeskriptiv oder nicht? Wir geraten hier in das gleiche Dilemma wie mit den Katalogen."*

„Machen wir doch einfach für die nicht einzuordnenden Wörter eine neue Gruppe auf", schlug Laab vor.

„Darüber haben sich schon die Logiker des Mittelalters die Köpfe zerbrochen. Es gab lange Diskussionen darüber, ob eine Gesamtheit

---

* Die Aufteilung von Elementen auf verschiedene Mengen kann manchmal unmöglich sein. Angenommen, wir wollten die Zahlen in zwei Mengen aufteilen: die Gewöhnlichen und die Ungewöhnlichen. Nehmen wir die kleinste Gewöhnliche Zahl. Sie ist die kleinste, und von daher schon ungewöhnlich und nicht mehr gewöhnlich. Sogar die gesamte Menge der Gewöhnlichen Zahlen stellt für sich genommen schon etwas recht Ungewöhnliches dar …

118

von Dingen ebenfalls etwas Konkretes darstellt oder nicht.* Erst im 20. Jahrhundert wurde erkannt, daß eine Hierarchie notwendig ist zwischen der Bezeichnung einer Gesamtheit von Objekten und den einzelnen Objekten selbst ..."

„Die Frage, ob es den Katalog aller Kataloge oder die Menge aller Mengen gibt, hat auch den Logiker Gottlob Frege beschäftigt, der die Mathematik auf eine solidere Grundlage stellen wollte", erzählte Scheherezade weiter. „Der Mathematiker und Philosoph Bertrand Russell hatte ihn auf das Problem aufmerksam gemacht. Im zweiten Band seines Werks schrieb Frege: 'Ein Wissenschaftler kann sich kaum etwas Unangenehmeres vorstellen, als daß das Fundament seiner Wissenschaft einbricht, nachdem das Wissensgebäude errichtet ist. Doch genau so habe ich mich gefühlt, als ich den Brief von Bertrand Russell erhielt."

In diesem Augenblick erkannte Scheherezade, daß der Morgen gekommen war, und schwieg.

---

* Jean Buridan, ein Philosoph des 14. Jahrhunderts (der mit dem Esel), ging sogar noch weiter. In seinem Werk *Sophismata* wählt er als Beispiel die Behauptung: „Niemand glaubt diesen Satz" und fragt: „Ist dieser Satz nun richtig oder falsch?" Ist der Satz richtig, dann glaubt ihn niemand, und niemand weiß, daß er richtig ist. Wenn er aber falsch ist, dann gibt es mindestens eine Person, die glaubt, daß er richtig ist – und diese eine Person bewirkt, daß er tatsächlich falsch ist.

Fünfundzwanzigste Nacht
Die Spielhölle

Mond-der-Zeit hatte einen trockenen Hals und feuchte Hände. Sie war am Zug, und sie fragte sich, ob ihre gefürchtete Gegnerin, die schöne Farizade, bluffte. Nervös rieb sie ihr Amulett, einen kleinen schwarzen Basaltstein, den sie von ihrem Aufenthalt bei den Nedmerfs mitgebracht hatte, überlegte noch einmal kurz und erhöhte schließlich ihren Einsatz. Farizade schaute überrascht auf – und legte ihre Karten auf den Tisch. Sie war eine professionelle Spielerin und wußte, wann sie aufhören mußte.

Abnus, Mond-der-Zeits Mann, spielte nicht mit. Gemeinsam mit dem Dschinn Khoka bewunderte er die Pracht des Casinos von Enos und die hübschen Spielerinnen. Besonders von Farizade war er stark beeindruckt, was Khoka beunruhigte.

„Seien wir vorsichtig", meinte er zu Abnus. „Diese Farizade ist die einzige, die dem Casinochef nichts bezahlt hat."

„Und du glaubst, eine so schöne Frau könnte schlecht sein?" fragte Abnus treuherzig.

„Wieso sollte ihre äußere Hülle etwas mit ihrem Charakter zu tun haben? Ach, ihr Menschen seid doch alle gleich ... Ich werde dir einmal erzählen, wie sie Kassim übers Ohr gehauen hat."

Sie zogen sich in einen ruhigen Nebenraum zurück, wo kalte Getränke gereicht wurden.

„Kassim hatte eine Schule für professionelle Spieler gegründet, und Farizade war eine seiner gelehrigsten Schülerinnen. Als Lehrgeld verlangte Kassim von allen die Gewinne des ersten Jahres nach ihrem Abschluß. Dagegen hatte noch niemals jemand verstoßen, denn die Eintreiber des Meisters waren gefürchtet."

„Und was war, wenn sie einen Verlust machten?" fragte Abnus.

„Das kam nur selten vor. In solchen Fällen zahlte er ihnen das Doppelte ihrer Verluste aus, und das Probejahr begann von neuem."

„Und wie schaffte es Farizade, kein Lehrgeld zu zahlen?"

„Nun, sie schlug Kassim ein Geschäft vor. Das ganze erste Jahr wollte sie nur gegen ihn spielen. Kassim sah die Falle nicht und erklärte sich einverstanden.

'Ich riskiere ja nichts', dachte er. 'Wenn ich gewinne, was ja am wahrscheinlichsten ist, dann knöpfe ich Farizade ihren ganzen Einsatz ab. Und wenn ich wirklich verlieren sollte, dann muß sie mir ihre Gewinne zahlen, wie es abgemacht ist.'"

„Dann konnte Farizade doch eigentlich gar nicht gewinnen?" Abnus war irritiert.

„Genau hier lag aber ihr Trick. Sie legte die Spielregeln nämlich anders aus. 'Wenn ich gewinne', erklärte sie, 'dann behalte ich das Geld, wie das der Gewinner immer macht. Und wenn ich verliere, dann muß mir Kassim das Doppelte des Verlustes zahlen, denn das ist so vereinbart.'

Es gab also einen eklatanten Widerspruch zwischen den Regeln des Spiels und dem Ausbildungsvertrag. Welche Regeln sollten nun aber gelten? Die Sache landete vor Gericht.

Die Richter sahen sich zu einer Entscheidung außerstande, um so mehr, als der junge Rechtsanwalt Euathlus auf einen ähnlichen Fall verweisen konnte. Euathlus hatte nämlich einen Ausbildungsvertrag mit Protagoras, seinem Rechtsprofessor, abgeschlossen. Er hatte sich darin verpflichtet, ihm das Honorar für den ersten gewonnenen Fall nach Abschluß seiner Ausbildung zu zahlen. Euathlus dachte aber nach dem Studium zunächst gar nicht daran, als Anwalt zu arbeiten, und wurde daher von Protagoras auf Erfüllung seines Vertrags verklagt. Bei dem Verfahren, das daraufhin angesetzt wurde, verteidigte sich Euathlus selbst.

'Ich riskiere ja nichts', dachte der Professor. 'Wenn ich den Prozeß gewinne, muß Euathlus zahlen. Wenn ich aber verliere, dann würde er seinen ersten Fall gewonnen haben und müßte seinen Ausbildungsvertrag erfüllen und ebenfalls zahlen.'

Er hatte jedoch nicht damit gerechnet, daß Euathlus vor Gericht ganz anders argumentierte.

'Hohes Gericht', erklärte der junge Anwalt, 'wenn ich diesen Prozeß gewinne, dann bin ich dadurch von jeder Verpflichtung gegenüber meinem Professor frei. Und wenn ich verliere, dann muß ich

ebenfalls nichts zahlen, denn dann habe ich ja meinen ersten Fall noch nicht gewonnen."

Nach einigem Hin und Her kamen die Richter zu dem Schluß, daß solche Fälle nicht in ihre Zuständigkeit fielen, und sie schickten die beiden unverrichteter Dinge wieder weg.

Diesen Fall schilderte nun Euathlus dem Gericht als Vertreter von Farizade, und auch diesmal konnte das Gericht nicht umhin, seine Nichtzuständigkeit zu erklären. Kassim konnte seine ehemalige Schülerin also nicht dazu zwingen, ihre Schulden zu bezahlen.“

Abnus war sehr beeindruckt von dieser Geschichte. Einen Moment lang schweiften seine Gedanken ab.

„Und wie war es dann möglich, daß Mond-der-Zeit gegen eine so ausgebuffte Spielerin gewinnen konnte?“

„Daß dir das noch nicht aufgefallen ist! Sie hat doch dieses Amulett, den schwarzen Basaltstein von den Nedmerfs. Wenn sie ihn berührt, wird sie jedesmal für einen kurzen Augenblick in die Zukunft versetzt und kann ihrem Gegner in die Karten schauen. Wenn sie dann wieder zurück in der Gegenwart ist, ist das Gewinnen natürlich keine Kunst mehr ...“

„Solche widersprüchlichen Rechtslagen sind überaus häufig und bilden das tägliche Brot der Rechtsgelehrten“, erklärte Scheherezade weiter. „Hier noch ein zweites Beispiel:
Gesetz 1: Wenn bei einem Schiffbruch nur ein Mann überlebt, dann gehören die geborgenen Überreste der Ladung ihm.
Gesetz 2: Ein Sohn, der von seinem Vater enterbt wird, verliert sämtliche Erbansprüche.
Was geschieht nun aber mit einem enterbten Sohn, der als einziger den Untergang des Schiffes seines Vaters überlebt?“

In diesem Augenblick erkannte Scheherezade, daß der Morgen gekommen war, und schwieg.

Sechsundzwanzigste Nacht
Todsichere Tips

Der Palast von König Schahsaman hatte sich in eine Spielhölle verwandelt. Zum großen Leidwesen von Irwana hatte Abnus Farizade eingeladen, und diese überredete den ganzen Hofstaat zum Spielen.

„Das ist nicht nur ein PR-Gag für sie, sie sahnt auch noch kräftig dabei ab", schimpfte Irwana.

Die meisten spielten „Kopf oder Zahl", ein relativ einfaches Spiel mit augenscheinlich fairen Regeln. Außerdem hatten sich nicht wenige von Farizade eine Methode zum sicheren Gewinnen andrehen lassen.

„Der Erfolg hängt in ganz entscheidendem Maß vom Glück ab", dozierte Farizade, „und wir müssen daher versuchen, die Gesetzmäßigkeiten des Glücks zu beherrschen. Wenn ihr nun also spielt, hört auf, sobald ihr zehn Dinar gewonnen habt. Das wird zwangsläufig einmal eintreten: Bei den Spielregeln von 'Kopf oder Zahl' ist es ganz unvermeidlich, daß ihr einmal zehn Dinar gewinnt. Und dann spielt ihr mit einem anderen Partner weiter – ebenfalls solange, bis ihr zehn Dinar gewonnen habt."

„Das werde ich einmal ausprobieren", meinte Zephyra begeistert. „Aber mit einem größeren Einsatz, denn je weniger man setzt, desto mehr verliert man, wenn man gewinnt!"

Irwana hatte erhebliche Zweifel an den Erklärungen von Farizade. Es schien ihr schlechterdings unmöglich, daß jeder gewinnen konnte, wenn alle gegeneinander spielten. Sie hörte sich etwas um, und tatsächlich konnte ihr der Mathematiker Hossein erklären, wo die Sache einen Haken hatte.

„Im Verlauf des Spiels kommt zwangsläufig der Moment, an dem man seinen vorgesehenen Einsatz verspielt hat, und dazu noch die Gewinne aus vorherigen Spielen. Dann muß man gezwungenermaßen aufhören – und hat alles verloren."

„Heißt das, daß sich die Gewinne und die Verluste im Laufe des Spiels immer ausgleichen?" fragte Zephyra, die ihr ganzes Taschengeld verloren hatte.

„Genau", bestätigte Hossein, „und je weniger Geld ihr zur Verfügung habt, desto schneller seid ihr am Ende".

„Also kommt es darauf an, daß man reicher als sein Spielpartner ist", schloß Zephyra messerscharf. „Und deswegen gewinnt auch unser König am Ende immer unsere ganzen Einsätze. Er hat mehr Geld als wir alle zusammen, und er kann viel größere Verluste verkraften."

„Tatsächlich spricht einiges dafür, daß einem Spielpartner, der nur halb so reich ist wie er, doppelt so schnell die Luft ausgeht", meinte Hossein schmunzelnd.

Aber wer hört schon auf einen Mathematiker? Die Menschen am Hof jedenfalls fanden Farizades schillernde Glücksversprechen alle viel interessanter. Und für die wenigen, die durch Hosseins Erklärungen nachdenklich geworden waren, hatte sie gleich noch einen zweiten, diesmal wirklich todsicheren Tip parat.

„König Schahsaman hat doch jetzt beschlossen, die Bank zu halten. Er spielt mit jedem 'Kopf oder Zahl', wobei der andere Spieler jedesmal seinen Einsatz neu bestimmen kann. Ihr braucht also nun bloß bei jeder Runde euren Einsatz zu verdoppeln – solange, bis ihr gewinnt.

Wie sieht das praktisch aus?" erklärte sie weiter. „Angenommen, ihr gewinnt beim ersten Mal. Dann nehmt ihr eu-

ren Gewinn, sagen wir 20 Dinar, und hört auf. Hattet ihr beim ersten Mal kein Glück, dann verdoppelt ihr euren Einsatz und setzt 40 Dinar. Wenn ihr dann gewinnt, habt ihr insgesamt 20 Dinar gewonnen. Wenn nicht, setzt ihr beim dritten Spiel 80 Dinar. Und so weiter. Egal wann ihr gewinnt, auf jeden Fall habt ihr hinterher 20 Dinar mehr als vorher."

„Bis auf den Fall, daß ihr euer gesamtes Vermögen verspielt habt, bevor ihr auch nur ein einziges Spiel gewinnt", lästerte Irwana. „Warum verkauft sie eigentlich euch allen ihre todsicheren Tips und setzt sie nicht selber ein, wenn sie so schlau ist?"

Das war nun ein psychologisches Argument, das viel eher Wirkung zeigte als alle rationalen Erwägungen. Bloß nicht bei Abnus, der der schönen Spielerin an den Lippen hing. Pech für ihn, denn auch mit der neuen Methode war bald seine Börse leer. Und noch bevor es soweit war, hatte sich Farizade bereits aus dem Staub gemacht.

„Jetzt probiere ich einmal meine eigene Methode aus", meinte Zephyra, die inzwischen ihre Spardose geplündert hatte. „Hossein hat uns doch erklärt, daß statistisch gesehen Kopf genau so oft fällt wie Zahl. Wenn also sehr oft hintereinander Kopf gefallen ist, muß ja auch bald wieder Zahl kommen. Ich werde also eine Serie von Kopf abwarten und dann auf Zahl setzen!"

Zephyra war ganz stolz auf ihre logische Schlußfolgerung und wollte sie gerne von Hossein bestätigt wissen. Doch dieser mußte sie leider schon wieder enttäuschen.

„Du traust dieser Münze zu viel Intelligenz zu, Zephyra. Sie kann sich doch nicht merken, wie oft vorher Kopf oder Zahl gefallen ist! Bei jedem Wurf ist deshalb die Chance für Kopf oder Zahl wieder aufs neue eins zu zwei oder 50 Prozent.* Und jede noch so lange Serie von Kopf oder Zahl wird irgendwann einmal auftreten, wenn man nur lange genug wirft. Es ist einfach unmöglich, den Zufall 'zu besiegen.'"

---

* Selbst wenn man sich der Gültigkeit dieser Aussage bewußt ist, fällt es doch schwer, sie im konkreten Fall zu beherzigen, also nach einer längeren Serie „Kopf" *nicht* auf „Zahl" zu setzen. Es soll sogar schon vorgekommen sein, daß jemand eine Bombe mit in ein Flugzeug genommen hat, um zu vermeiden, daß Terroristen eine „richtige" Bombe dort verstecken, wobei argumentiert wurde: „Zwei Bomben in ein und demselben Flugzeug, das wäre ja nun wirklich *zu* unwahrscheinlich …"

„Und damit kann auch niemand Schahsaman schlagen", bemerkte
der Wesir, „und das ist gut so, denn er ist ja unser König. Aber mich
bringt das auf eine Idee: Ich werde eine neue Steuer einführen, die für
jeden Einsatz fällig wird. Damit gewinne ich immer, auch wenn sie
anfangs nur minimal ist."

*„Das todsichere Rezept, man müsse einfach immer nur so lange
spielen, bis man 10 Dinar gewonnen hat, und dann ein neues Spiel
beginnen, funktioniert nicht bei einer endlichen Zahl von Spielen", erklärte Scheherezade weiter. „Und in der Realität hat jede
Spielserie ein Ende, und dann muß Bilanz gezogen werden. Wenn
der Spieler bankrott ist, dann sind auch die im Verlauf des Spiels
gemachten Einzelgewinne verloren. Auch das Argument, nach einer langen Serie von Kopf müsse bald wieder Zahl fallen, ist trügerisch, denn die gleiche Wahrscheinlichkeit für beide Ereignisse
('Kopf' oder 'Zahl') läßt nur Voraussagen für eine große Anzahl
von Würfen zu, nicht aber für einen konkreten einzelnen Wurf.
Und die 'todsicheren Tips' machen höchstens ihre Erfinder reich."*

In diesem Augenblick erkannte Scheherezade, daß der Morgen gekommen war, und schwieg.

Siebenundzwanzigste Nacht
Schicksal

„Schon wieder Zahl! Dieses Spiel soll wohl mein Schicksal sein. Doch Allah ist allmächtig und wird mir schon sagen, wann ich aufhören soll", meinte Schahsaman.

Zephyra war vor lauter Aufregung schon ganz rot im Gesicht.

„Farizade hat jetzt schon 20mal hintereinander Zahl geworfen!" rief sie außer sich.

Auch die anderen Mitglieder des Hofstaates bebten vor Wut, denn der König hatte bereits sehr viel Geld verloren. Bei jedem Spiel erhöhte er seinen Einsatz, um seine Verluste wieder aufzuholen. Irwana schien schon ganz verzweifelt, und der Großwesir dachte bereits über eine weitere Steuer nach.

„Da muß Betrug im Spiel sein", meinte Irwana. „Wenn die Münze nicht gezinkt ist, kann gar nicht 20mal hintereinander Zahl fallen!"

„Nicht unbedingt", wandte Giaffar, der Logiker, ein. „Die Wahrscheinlichkeit einer solchen Serie beträgt etwa eins zu einer Million, aber das kann passieren. Genauso groß ist übrigens die Wahrscheinlichkeit, 10mal hintereinander Kopf und direkt danach 10mal hintereinander Zahl zu werfen.

Das bedeutet, wenn man eine Münze mehrere Millionen Male wirft, dann kommt jede beliebige 20er-Kombination von Kopf (K) und Zahl (Z), zum Beispiel ZKKZKKZZKKZZKZKZKKZZ, statistisch gesehen etwa einmal auf eine Million Fälle vor. Das hat mir einmal ein geheimnisvoller Weiser aus den Awak-Awak-Bergen erklärt. Wenn man die Münze nur ein Mal wirft, dann gibt es zwei mögliche Ergebnisse: Z oder K. Bei zwei Würfen gibt es vier Möglichkeiten: ZZ, ZK, KZ oder KK, bei drei Würfen acht, ZZZ, ZZK, ZKZ, ZKK, KZZ, KZK, KKZ, KKK – und so weiter. Alle diese Ergebnisse sind gleich wahrscheinlich, wie mir der alte Mann versichert hat."

Dennoch blieb Zephyra skeptisch.

„Ich bleibe dabei, daß Farizade geschummelt hat. Ich bin sicher, es wäre nicht 20mal hintereinander Zahl gefallen, wenn unser König immer auf Zahl gesetzt hätte."

„Und wie willst du das beweisen?" fragte Irwana.

„Nur vom Resultat her ist das unmöglich", erklärte Giaffar. „Der Zufall braucht eben eine Chance, wie mir bereits der Weise erklärt hat. Auch wenn ein Ereignis noch so unwahrscheinlich ist, kann es doch einmal eintreten."*

Inzwischen war Dschinn Iblis, der gute Freund Irwanas, erschienen und hatte die Lage gepeilt.

„Regt euch nicht auf", beruhigte er die Menge. „Erstens ist unser König nicht ruiniert, und diese Geschichte wird ihm eine Lehre sein. Zweitens ist Farizade weg, und wir sind diese gefährliche Person endlich los."

Wie immer hatte der Dschinn recht, und es wurde beschlossen, erst einmal etwas zu trinken, um die erhitzten Gemüter zu kühlen.

Bald kam die Diskussion wieder auf das Wesen des Zufalls zurück. Giaffar hatte von dem Weisen aus den Bergen noch mehr gelernt.

„Die Informationstheorie hat sogar ein Maß für den Zufall gefunden, wußte der alte Mann. Stellt euch vor, ihr müßtet jemandem mitteilen, wie das Ergebnis einer Reihe von einer Million Einzelwürfen aussieht. Angenommen, das Ergebnis besteht aus lauter Ks: KKKKKKKKKKKKKKKK ... Dann sagt ihr einfach: 'Eine Million Ks.' Das ist wesentlich einfacher, als tatsächlich eine Million Ks aufzuschreiben. Oder Kopf und Zahl wechseln sich regelmäßig ab, zum Beispiel ZKZKZKZKZKZK ... Dann sagt ihr einfach: '500.000 mal ZK.'"

„Je einfacher also die Folge ist, desto weniger Information enthält sie, und um so weniger Worte braucht man, um sie zu beschreiben. Ich hab's verstanden!" jubelte Zephyra.

---

* Auch hier fällt es schwer, nicht nach einem Grund zu suchen. Und doch gibt es keinen: Es handelt sich einfach um puren Zufall! So entsteht auch vieles aus dem Bereich des Aberglaubens dadurch, daß zufälligen Ereignissen eine vermeintliche Ursache zugeordnet wird. „Aberglaube ist die Kunst, sich mit dem Zufall zu arrangieren", wie es Jean Cocteau ausdrückte.

„Stimmt genau!", bestätigte Giaffar. „Wenn man dagegen keine Gesetzmäßigkeit in der Folge erkennen kann, dann sagt man, es handelt sich wirklich um eine Zufallsfolge, und die kann man zur Beschreibung nicht weiter komprimieren: Man muß in der Tat eine Million Buchstaben aufschreiben und weitergeben."

„Dann könnte man ja Zeichenfolgen auch nach ihrem Informationsgehalt sortieren. Fantastisch! Das löst zwar unser Problem in keiner Weise, aber spannend ist es trotzdem." Selbst Irwana war jetzt ganz begeistert.

„Jetzt habe ich alles verstanden. Eigentlich ist doch alles ganz einfach!"

In diesem Moment schlug ein Blitz im Palast ein, gleichzeitig krachte ein Donnerschlag. Und vor ihnen stand – der alte Mann aus den Bergen.

„An diesen Zeichenfolgen wird der Unterschied zwischen den experimentellen Wissenschaften und der Mathematik deutlich", erzählte Scheherezade weiter. „Ein Physiker, der eine Regelmäßigkeit beobachtet, versucht, daraus ein Gesetz abzuleiten, während dies in der Mathematik nicht der Fall ist. Dies ist auch ein Grund dafür, warum die Künstliche Intelligenz (noch) so wenig Erfolg hat. Diese stützt sich auf logische Deduktion und nicht auf Induktion. Durch logische Deduktion allein kann man jedoch keine Naturgesetze entdecken."

In diesem Augenblick erkannte Scheherezade, daß der Morgen gekommen war, und schwieg.

Achtundzwanzigste Nacht
Zeichen und Folgen

„Unwissender!" wandte sich der Fremde mit einer weitausholenden Geste an Giaffar, „du hast bloß die Hälfte verstanden und gibst dich mit zu wenig zufrieden. Du wirst einen Fortbildungskurs bei mir zu Hause absolvieren. Und bis dahin wirst du schweigen!"

Sprach's und verschwand. Der arme Giaffar konnte darauf nicht mehr sprechen, und so mußte er sich auf den weiten, beschwerlichen Weg zu den Wak-Wak-Inseln machen, um den Bann zu lösen. Am Ende seiner mühevollen Reise wurde er jedoch freundlich empfangen, und die schöne Habiba, die Tochter des alten Mannes, kümmerte sich liebevoll um ihn.

Nach einigen Tagen brachte sie ihn zu ihrem Vater.

„Du kennst erst einen Teil der Wissenschaft der Zeichenfolgen, und so philosophierst du etwas zu viel da hinein. Deshalb habe ich dich kommen lassen, aber ich sehe, du hast dich ja schon gut eingelebt", erklärte der Weise mit einem Augenzwinkern.

„Was du bisher noch nicht verstanden hast: Wenn eine Zeichenfolge nicht zufällig ist, kommt es darauf an, das dahintersteckende Prinzip zu entdecken. Und das ist nicht immer einfach." Giaffar hörte aufmerksam zu.

„Ersetzen wir zunächst einmal die Zeichen Z und K durch die Ziffern 0 und 1. Demnach würden wir das Wurfergebnis von Farizade so schreiben: 00000000000000000000. Man könnte es kurz beschreiben durch '20mal die Null'. Nehmen wir jetzt die Zeichenfolge 01010101010101010101. Wie würdest du die beschreiben? Du hast das Wort."

„Zehnmal 01!" japste Giaffar, überglücklich, daß er wieder sprechen konnte.

„Genau! Es ist die Aufgabe der Wissenschaftler, Gesetzmäßigkeiten zu erkennen, denn nur so kann man vermeiden, immer die ganze

Zahl wiedergeben zu müssen. Jetzt soll es etwas schwieriger werden. Wie beschreibst du die Zeichenfolge 1234567891011121314 …?"

„Das ist die Folge der natürlichen Zahlen!" gab Giaffar zurück, und Habiba war schon ganz stolz auf ihren neuen Liebhaber.

„Und wie sieht es aus mit 141592635897932 3846 …?"

Jetzt mußte Giaffar passen.

„Das ist die Folge der Nachkommastellen von π. Du siehst, es ist nicht immer so einfach, das Prinzip einer Zeichenfolge zu erkennen. Vor allem durch Meß- oder Übermittlungsfehler kann durchaus einmal eine Dezimale falsch sein."

Giaffar fühlte, daß sich die Reise bereits gelohnt hatte, und er dankte dem Weisen überschwenglich.

In den nächsten Tagen lernte er noch einiges mehr. Er erfuhr, daß von zwei Definitionen für einen bestimmten Sachverhalt die kürzere die bessere sei und daß diese Regel in ferner Zukunft einmal das Prinzip von Occam genannt werden würde. Außerdem dachte er über sein Leben zu Hause und die ständigen Intrigen am Hofe von Schahsaman nach und fand, daß das einfache Leben mit Habiba so viel angenehmer sein könnte …

Und doch war eines Tages die Zeit des Abschieds gekommen. Der alte Weise nahm Giaffar zur Seite.

„Mein lieber Schwiegersohn, denn so darf ich dich ja nun sicher nennen, zum Abschied habe ich noch ein besonderes Problem für dich, nämlich eine ganz besondere Definition."

Er trank einen Schluck Tee und runzelte die Augenbrauen.

„Die kleinste Zeichenfolge, die durch mehr Zeichen dargestellt wird, als dieser Satz Zeichen hat.

Besagte Zeichenfolge wird gleichzeitig durch diesen Satz beschrieben und auch wieder nicht! Sie wird es, denn eine Zeichenfolge kann auf diese Weise sehr wohl beschrieben werden. Und sie wird es nicht, denn zu ihrer Beschreibung sind mehr Zeichen notwendig, als die Definition selbst an Zeichen umfaßt. Und damit erfüllt der Satz nicht das Kriterium einer Definition, daß sie die Zeichenfolge verkürzt.

Hütet euch also vor den Definitionen, sie sind oft trügerisch und können euch in die Sackgasse führen."

„Aber gewiß doch, Papa", pflichtete Habiba ihm bereitwillig zu, und sie und Giaffar zogen sich diskret zurück.

„Wie die Mathematiker herausgefunden haben, ist es unmöglich zu sagen, ob eine endliche Zahlenfolge zufällig ist oder nicht", erzählte Scheherezade weiter. „Daher können wir sie nicht mit letzter Sicherheit genau beschreiben. Vergleichbar dazu gibt es auch Zeichenfolgen (z.B. Sätze) wie die des Weisen beim Abschied Giaffars, die scheinbar einen anderen Satz beschreiben, in Wirklichkeit aber dies nicht tun. Ein anderes Beispiel dieser Art stammt von dem deutschen Mathematiker David Hilbert (1862-1943): 'Die kleinste ganze Zahl, die im 20. Jahrhundert nicht erwähnt wurde.' Henri Poincaré nannte diese Formulierungen 'nicht-prädikative Definitionen'. Man kann durchaus auch über die Existenz dieser Zahl diskutieren. Einige Mathematiker sind der Ansicht, die Zahl existiere nicht vor dem Ende des Jahrhunderts, denn man kann ja erst hinterher ihren Wert feststellen."

In diesem Augenblick erkannte Scheherezade, daß der Morgen gekommen war, und schwieg.

Neunundzwanzigste Nacht
Die Liebhaber der Amazonen

„Mit wildem Galopp erstürmten die Amazonen den Strand, und bedrohlich blitzten ihre Speere und Schwerter." Der Bericht von Shatter-Mohamad ließ die Zuhörer erschauern.

„Sie umzingelten die Badenden und nahmen drei von uns gefangen. Wir hatten keine Chance und wurden von den Kriegerinnen verschleppt."

„Was wollten sie denn von euch?" fragte Laab.

„Sie waren ihrer Freunde, der Zentauren, überdrüssig geworden und suchten nun richtige Männer. Sie schleppten uns also in ihren Palast, wo wir aber gastfreundlich empfangen wurden und wo man uns köstlichste Speisen servierte. Schließlich stellten sie uns drei liebreizende junge Frauen vor, Amrazane, Bernice und Cleo, deren Liebhaber wir sein sollten."

„Da schau an!" kommentierte Laab. „Und wie wurdet ihr miteinander verkuppelt?"

„Das war sehr interessant. Den Amazonen kam es ebenso auf unsere wie auf ihre eigenen Wünsche an. Sie mögen keine Verbindungen, in denen nicht die Vorstellungen beider Partner respektiert werden. Daher stellte jeder von uns eine Präferenzliste auf. Auf meiner Liste kam zuerst Bernice, dann Amrazane und zuletzt Cleo. Das war völlig klar. Nassim wählte ebenfalls Bernice, dann jedoch Cleo und schließlich Amrazane. Omar hatte schon immer einen etwas anderen Geschmack und wählte zuerst Amrazane, vor Cleo und Bernice."

„Nassim und du, ihr beide konntet also nicht ganz zufrieden sein, weil bei euch beiden Bernice die Nummer eins war", erkannte Laab nicht ohne Schadenfreude.

„Hier hatten wir tatsächlich ein Problem. Aber zu unseren eigenen Wünschen mußten wir natürlich auch noch die Vorstellungen der Frauen mit berücksichtigen. Und Bernice wählte Omar, dann Nassim und erst ganz zum Schluß mich!" seufzte Mohamad. „Dagegen war ich erste Wahl von Cleo; bei ihr kamen Nassim und Omar erst danach. Und Amrazane schließlich gefiel Nassim am besten, ich selbst am zweitbesten und Omar am wenigsten."

König Schahsaman ließ kleine Täfelchen und einen Stift herbeibringen. Er schrieb die einzelnen Kombinationen auf, um nicht den Überblick zu verlieren.

„Welche Kombinationen wollten denn die Amazonen vermeiden?" fragte er Shatter-Mohamad.

„Eine schlechte Kombination ist für sie eine, bei der sich ein Mann und eine Frau gegenseitig ihrem jeweiligen offiziellen Partner vorziehen, denn dann sind Seitensprünge und Eifersuchtsszenen vorprogrammiert. Wenn ich zum Beispiel mit Bernice verkuppelt worden wäre, wie es mein größter Wunsch war, Nassim mit Cleo und Omar mit Amrazane, dann wäre das Desaster absehbar gewesen: Nassim hätte Bernice seiner offiziellen Partnerin Cleo vorgezogen, und Bernice hätte Nassim mir vorgezogen."

Laab hatte sich inzwischen an Schahsamans Täfelchen zu schaffen gemacht und probierte eifrig alle möglichen Kombinationen aus.

„Hier", meinte sie schließlich, „ich habe schon eine Lösung gefunden!"

Doch zunächst interessierte sich niemand für sie, und Mohamad erzählte weiter.

„Die drei Amazonen hatten die Wahl, und eine von ihnen begann."

„Egal wer?" wollte der König wissen.

„Egal. In unserem Fall war es Cleo. Sie wählte mich, und ich setzte mich neben sie. Dann wählte Amrazane Nassim und Bernice Omar. Damit waren die drei Paare komplett."

„Das ging aber auch nur deshalb gut, weil jede der Frauen einen anderen von euch Männern an erster Stelle auf ihrer Liste hatte", wandte Laab ein. „Wenn ihr Männer angefangen hättet, hätte das nicht so funktioniert."

„Doch, aber das Verfahren hätte dann etwas länger gedauert. Dieser Fall trat übrigens genau in der zweiten Nacht auf, als wir Männer beginnen durften. Ich fing an und wählte Bernice. Als nächster war Nassim an der Reihe, der ebenfalls Bernice aussuchte. Bernice aber bevorzugte Nassim, wie sie ja bereits auf ihrer Liste geschrieben hatte, und so hatte ich das Nachsehen. Schließlich wählte Omar Amrazane, und ich war wieder an der Reihe. Bernice war ja nun leider schon vergeben. Also entschied ich mich für die zweite auf meiner Liste, Amrazane. Weil diese nun lieber mit mir zusammen war als mit Omar, war dieser Versuch für mich erfolgreich. Und Omar wählte schließlich Cleo, die ebenfalls einverstanden war. Es wurde eine schöne Nacht."

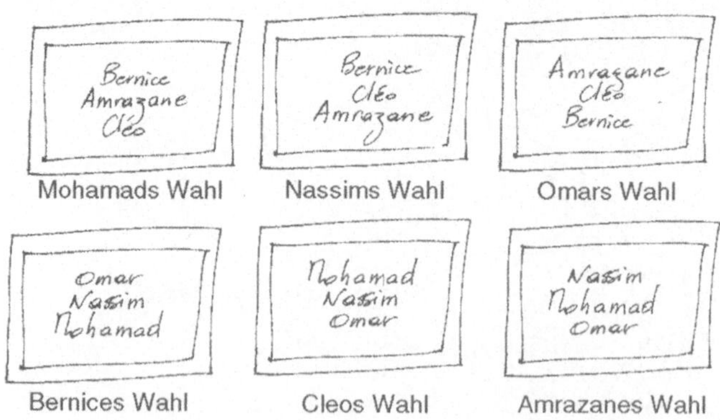

Mohamads Wahl	Nassims Wahl	Omars Wahl
Bernices Wahl	Cleos Wahl	Amrazanes Wahl

„Toll!" rief der König begeistert aus, „was für eine elegante Art der Konfliktlösung. Wie ich sehe, hattest du dieses Ergebnis ebenfalls herausgefunden, Laab."

„Ja, aber auf mich hört ja keiner", meinte diese. „Außerdem ist es noch lange nicht bewiesen, daß mit dieser Methode niemals der schreckliche Fall eintritt, in dem sich ein Mann und eine Frau gegenseitig ihrem jeweiligen offiziellen Partner vorziehen."

„Doch!" erklärte nun Iblis, „diese Kombination ist tatsächlich unmöglich. Wenn nach dieser Methode ein bestimmtes Paar nicht zustande gekommen ist, dann kann es nicht sein, daß diese beiden sich einander mehr mögen als ihren jeweiligen tatsächlichen Partner. Denn entweder hat der Mann dieser Frau gegenüber nicht sein Interesse eingestanden, zog ihr also tatsächlich eine andere vor, oder er hat es zwar getan, aber die Frau hat ihm einen anderen vorgezogen, den sie wiederum sympathischer fand. In beiden Fällen ist es unmöglich, daß sie sich beide gleichzeitig attraktiver finden als jemanden anders."

„Bravo, Iblis", rief Shatter-Mohamad, „damit dürfte dieses Problem ja ein für allemal geklärt sein".

„Bestand eigentlich die Möglichkeit, eine Person definitiv von der Liste zu streichen?" fragte Laab mit einem ärgerlichen Seitenblick auf Mohamad.

„Was für eine dumme Frage", antwortete dieser. „Es ist dort ja nicht wie bei uns am Hof. Die Amazonen sind alle so schön, auf diese Idee würde erst gar keiner kommen ..."

„Diese kombinatorische Optimierung des Liebesglücks wurde auch in einer allgemeineren Form für mehr als drei Personen beschrieben und bildete den Gegenstand von Forschungsarbeiten der besten Mathematiker", erzählte Scheherezade weiter. „Selbst in sogenannten 'stabilen Situationen', in denen kein Partner eines bestehenden Paares einen anderen Partner vorzieht, gibt es Lösungen, die besser sind als andere. Die Herausforderung besteht darin, sie alle zu finden und gegeneinander abzuwägen. Außerdem kann die Paarbildung auch manipuliert werden, wie bei dem bekannten Paradoxon von Condorcet."

In diesem Augenblick erkannte Scheherezade, daß der Morgen gekommen war, und schwieg.

Dreißigste Nacht
Die Intelligenz der Tiere

Blitze krachten, und schwere Brecher schlugen gegen die Reling.

„Unsere Hochzeitsreise ist ja nicht gerade ein Erfolg", jammerte Laab. „Das ist jetzt schon der zweite Reinfall, nachdem ..."

Eine kräftige Woge schlug auf das Deck und ließ die junge Braut verstummen. Mohamad, ihr Mann, versuchte ohne großen Erfolg, sie zu schützen.

„Wir müssen an Land", rief Sindbad, der gerade vom vorderen Ausguck die Lage gepeilt hatte.

Mit dünnen, kreischenden Schreien kam eine ganze Schar von Ratten aus dem Bauch des Schiffes gestürzt und sprang ins Meer. Sie schwammen auf die nahe Küste zu.

„Das heißt nichts Gutes. Das Schiff ist verloren!" rief Sindbad aufgeregt gegen die tobende Gischt. „Ihnen nach, alle in die Boote!"

Mit Mühe gelangten alle mit ihren Rettungsbooten ans felsige Ufer, wo sie in einer Grotte Schutz fanden. Auch die Ratten waren bereits hier eingetroffen. Sie hatten sich vor einer glatten Steinplatte versammelt, an der sie mit ihren Pfoten scharrten. Plötzlich gab der Fels nach, und eine steinerne Tür drehte sich und gab den Weg in einen Gang frei. Die Ratten strömten in die Höhle, vorbei an einem Mann, der eine Fackel trug und der die Fremden in den Rettungsbooten mit einer freundlichen Geste zum Eintreten aufforderte. Erstaunt ließen sie sich nicht zweimal bitten und folgten dem Fackelträger in das Innere der Steilküste. Sie durchquerten ein Gewirr aus vielen Gängen und gelangten schließlich in einen Saal, wo sie von dem Herrscher dieses Höhlenreiches empfangen wurden.

„Nehmt Platz und erholt euch erst einmal", forderte sie der Weißgewandete auf. „Ich habe euch die ganze Zeit beobachtet und hatte die Situation mit eurem Schiff voll unter Kontrolle. Daß die Ratten hierhergekommen sind, dafür habe ich gesorgt. Und ihr wart ja vernünftig genug, ihnen zu folgen."

„Ihr habt Macht über diese Tiere?" fragte Mohamad erstaunt.

„Ich studiere sie seit langem, und ich kenne die Signale, mit denen sie sich verständigen", antwortete ihr Gastgeber. „Ich heiße Nomeh, und ich bin Gehirnspezialist. Ich experimentiere mit Ratten."

„Ich kann mir gar nicht vorstellen, was ihr von diesen dummen und scheußlichen Kreaturen lernen wollt!" rief Laab.

„Genau, sie sind doch eine reine Plage! Es ist völlig unmöglich, sie loszuwerden", fügte Sindbad verständnislos hinzu. „Was habe ich nicht schon alles versucht, Fallen, Gift, … "

„Da seht ihr aber, daß sie gar nicht so dumm sind, wie es euch vielleicht scheint. Im übrigen: Was heißt hier 'scheußliche Kreaturen', was meinen die Menschen mit 'minderwertigen Geschöpfen'? Bei vielen Tieren sind die Sinnesorgane viel weiter entwickelt als bei uns, der Geruchssinn zum Beispiel; bei den meisten ist der Instinkt viel stärker ausgeprägt. Wenn wir die Lebewesen nach ihren Instinktleistungen beurteilen würden, dann kämen wohl die Bienen ganz oben auf die Liste."

„Und wie könnt ihr das menschliche Gehirn anhand von Experimenten mit Ratten zu erklären versuchen?" fragte Laab nun wieder neugierig.

„Bei den Gehirnen von Ratte und Mensch gibt es zahlreiche Gemeinsamkeiten", erklärte der Mann. „Ich zerstöre gezielt bestimmte Bereiche des Rattengehirns und beobachte, wie sich dies auf das Verhalten der Tiere auswirkt."

„Ihr meint zum Beispiel die Fortbewegung, die Verständigung oder das Liebesleben?" wollte Mohamad wissen.

„Genau", bestätigte Nomeh, „körperliche Fähigkeiten ebenso wie geistige, darunter Gedächtnisfunktionen und Lernfähigkeit."

„Dazu dienen also diese Versuche, bei denen man Ratten auf der Suche nach Futter durch ein Labyrinth laufen läßt", erinnerte sich Laab.

„Richtig!" erklärte Nomeh weiter. „Genauso wie wir Menschen kann auch eine Ratte sich den Weg nach einigen Versuchen merken. Und sie lernen ziemlich schnell. Deshalb können sie auch unsere Fallen rasch umgehen ..."

„Dann sind diese Tiere also gerade intelligent genug, um sich in unseren Versuchsanordnungen zurechtzufinden, aber zu dumm, um sich unseren Experimenten zu widersetzen ...!"

„Wobei man natürlich nicht ganz sicher sein kann, ob nicht in Wirklichkeit die Ratten sich ihre Wissenschaftler halten und sie darauf trainieren, ihnen in interessanten Labyrinthen immer gut zu fressen zu geben", kommentierte Nomeh ironisch.

Alle lachten. Für die meisten war es das erste Mal, daß sie das Leben der Ratten aus der menschlichen Perspektive betrachteten. Damit kamen aber zugleich auch Stimmen auf, die sich über die Grausamkeit mancher Tierversuche Gedanken machten. Doch da hatte Nomeh gleich ein Gegenargument zur Hand.

„Bevor man Tierexperimente gemacht hat, war man sich über die nahe Verwandtschaft vieler Tiere zum Menschen gar nicht im klaren. Seit sich die Forschung damit beschäftigt, behandelt man auch Tiere besser. Tierversuche dienen also letztlich dem Tierschutz."

Nomeh berichtete weiter über seine Forschungen.

„So habe ich zum Beispiel bei Ratten und im Vergleich dazu bei Menschen den Bereich des Gehirns untersucht, wo Erfahrungen gespeichert werden. Dieser Bereich wird bei trainierten Ratten größer."

„Das bedeutet dann also, daß nicht alle Fähigkeiten schon bei der Geburt festgelegt sind", überlegte Sindbad. „Es muß Anlagen geben, die bei der Geburt vorhanden sind, die sich dann aber erst durch Erfahrung und Training tatsächlich zu Fähigkeiten ausbilden. Ich frage mich, welche Bereiche des Gehirns bei Seeleuten besonders stark ausgeprägt sind."

„Hier finden Tierversuche sicherlich ihre Grenzen, mein lieber Sindbad", meinte Nomeh. „Es gibt natürlich Fähigkeiten, über die nur der Mensch verfügt. Aber ihr versteht wohl jetzt, daß die seit langem geführte Debatte zwischen angeborenem und erworbenem Wissen eigentlich ziemlich sinnlos ist."

„Weil wir nämlich mit bestimmten Potentialen zur Welt kommen, die wir dann gemäß unseren individuellen Lebensumständen entwickeln können oder nicht", schloß Laab nachdenklich diesen höchst merkwürdigen Abstecher auf ihrer Hochzeitsreise ab.

In diesem Augenblick erkannte Scheherezade, daß der Morgen gekommen war, und schwieg.

Einunddreißigste Nacht
Der Richterspruch

Schahsaman war außer sich vor Wut, und Attaf fürchtete um sein Leben. Attaf war ein Wachsoldat am Hof. Er war speziell für die Statuettensammlung des Königs verantwortlich, und die Statue von Ganesh, dem indischen Elefantengott des Handels, war von ihrem Sockel verschwunden! Der Soldat beteuerte, daß er niemanden in die Nähe der Statue hatte gelangen lassen, doch der König war über den Verlust so aufgeregt, daß er sofort sein oberstes Gericht einberufen hatte, um über das Schicksal des Wächters zu beraten. Die Gesetze in Samarkand waren hart, und dem Soldaten drohte die Todesstrafe.

Wenn die Richter zu dem Schluß kamen, daß Attaf mit den Dieben unter einer Decke steckte, mußten sie ihn zum Tode verurteilen. Waren sie der Ansicht, Attaf hätte lediglich seine Aufsichtspflichten verletzt, stand darauf die Verbannung. Konnte ihm schließlich keine Schuld nachgewiesen werden, mußten sie ihn freisprechen.

„Die Richter beraten gerade über das Urteil", berichtete Zephyra. „Zur Entscheidung genügt eine einfache Mehrheit der Richterstimmen. Ich bin zwar nicht so ganz von dieser Methode überzeugt, aber eine gerechtere kann ich auch nicht erkennen. Was meinst du, Iblis?"

Der gute Geist war ganz aufgeregt und wechselte ständig vom Beratungsraum in den Flur und hielt Zephyra über den Verlauf der Verhandlung auf dem Laufenden.

„Im Moment sieht es so aus, daß fünf der Richter für ein Todesurteil stimmen, drei für Verbannung und drei für einen Freispruch. Wenn ich jetzt nichts unternehme, verliert Attaf seinen Kopf."

„Das wäre höchst ungerecht", meinte Zephyra entsetzt. „Immerhin sind sechs der Richter der Meinung, daß er nicht den Tod verdient. Ich selbst halte Attaf manchmal für etwas nachlässig, aber ein Dieb ist er sicher nicht."

Iblis teilte ihre Meinung.

Todesstrafe	Verbannung	Freispruch
5	3	3

6

„Genau. Und deshalb habe ich den drei Richtern, die von seiner Unschuld überzeugt sind, die Entscheidungen ihrer Kollegen gesteckt. Die drei sind darüber gar nicht glücklich. Ich habe ihnen empfohlen, für die Verbannung zu stimmen. Selbst wenn das ihrer Meinung nach auch schon eine zu harte Strafe ist – sie ist doch wenigstens nicht unwiderruflich. Es gäbe dann sechs Stimmen für die Verbannung und fünf für die Todesstrafe."

„Du hast ihnen also empfohlen, nicht nach ihrer eigentlichen Überzeugung abzustimmen, sondern sich taktisch anders zu entscheiden, um damit das Schlimmste zu verhindern", meinte Zephyra. „Aber warum hast du denn nicht mit den drei Richtern gesprochen, die Attaf nur verbannen wollen, damit sie sich für den Freispruch entscheiden? Vielleicht wäre dann auch eine Mehrheit für einen Freispruch zustande gekommen."

„Nun ja", wiegte Iblis nachdenklich den Kopf, „ich wußte ja auch, daß die zweite Präferenz von zweien dieser drei Richtern ein Todesurteil gewesen wäre. Wenn also diese beiden ihre Meinung geändert hätten, dann hätte es sieben zu vier für die Hinrichtung gestanden."

Schahsaman kam hinzu und beteiligte sich an der Diskussion. Er hatte sich wieder etwas beruhigt, und seine rasche Entscheidung, das Gericht zusammenzurufen, tat ihm fast schon wieder leid. Er wunderte sich darüber, daß die Befürworter der Todesstrafe niemals ihre Meinung änderten.

„Ich hoffe, Iblis, deine Taktik geht auf", meinte der König. In diesem Moment kam auch noch Latifa, der oberste Priester des Hofes, hinzu.

„Müßte man nicht eigentlich in einem ersten Schritt darüber urteilen, ob Attaf überhaupt schuldig ist, und danach erst über das Strafmaß befinden?" fragte der Priester. „Die Richter hätten dann immer nur zwei Alternativen zurAuswahl, und sie könnten keine Entscheidung gegen die Mehrheit der anderen durchsetzen."

„Bei einem solchen Verfahren gäbe es bei der ersten Abstimmung eine Mehrheit von acht gegen drei für einen Schuldspruch", rechnete Iblis vor.

„Und bei der zweiten Abstimmung?" wollte Zephyra wissen.

„Das hängt ausschließlich davon ab, wie sich die Richter entscheiden, die bei der ersten Abstimmung für einen Freispruch waren. Man

kann annehmen, daß diese bei der Abstimmung über das Strafmaß für die mildere Strafe plädieren. Damit hätten wir dann sechs zu fünf Stimmen für die Verbannung", schloß Iblis.

„Wenn er schuldig ist, muß er bestraft werden", grollte Schahsaman. „Und wenn er vor diesem irdischen Gericht zu Unrecht verurteilt wird, dann wird er dafür im Jenseits sicher reich dafür entschädigt."*

„Um das Jenseits geht es hier überhaupt nicht", mischte sich der oberste Prieser wieder ein. „Kommen wir doch wieder auf das Urteil der Richter zurück. Leider hängt die Entscheidung davon ab, wie man die Frage bei der ersten Abstimmung formuliert. Wenn man dieselben Richter nur vor die Entscheidung zwischen Todesstrafe und Frei-

---

*   Es ist schon aus rein logischen Gründen nicht möglich, sich mit der Hoffnung auf ein besseres Jenseits über das Elend des Hier und Jetzt hinwegzutrösten: Wenn ich weiß, daß mein Unglück hienieden durch das Leben nach dem Tod mehr als ausgeglichen wird, dann kann ich nicht wirklich unglücklich sein. Und wer schon auf Erden nicht unglücklich war, darf der sich noch Hoffnung auf ein glücklicheres Jenseits machen?

146

spruch gestellt hätte, dann hätten sie mit sieben zu vier für die Todesstrafe gestimmt ..."

Sie wurden durch einen jungen Priester unterbrochen, der mit wehenden Rockschößen herbeigestürzt kam.

„Die Statue ist wieder da!" rief er. „Der Chef der Putzkolonne hatte sie nur zum Frühjahrsputz weggebracht, weil sie doch beim Kongreß der Statuensammler gezeigt werden soll ..."

„Also, wenn das so ist", brummte Schahsaman halb erleichtert, halb erschrocken, „dann soll Attaf hundert Golddinar aus meiner Privatschatulle erhalten. Unglaublich, da haben wir doch tatsächlich zu Unrecht diesen hervorragenden, intelligenten und ehrbaren Mann verdächtigt ... "

In diesem Moment stürmte Attaf aus dem Gerichtssaal; er schäumte vor Wut.

„Dieser Schahsaman ist ein unmenschlicher Tyrann! Wenn er mir noch einmal begegnet, dann drehe ich ihm eigenhändig ..."

Schahsaman seufzte auf und gab seiner Leibwache diskret ein Zeichen, auf daß man ihm diesen Verrückten endgültig vom Hals schaffe.

„Die paradoxe Lage, die sich bei dieser Abstimmung ergibt, stellt ein Musterbeispiel für die Schwierigkeiten dar, die bei der Umsetzung von individuellen Präferenzen zu einer Gemeinschaftsentscheidung auftreten können", erklärte Scheherezade weiter. „Es treten nämlich Brüche auf. So geben fast alle Regierungen mehr Geld für ihre Armee als für das Bildungswesen aus, obwohl die Bevölkerung bei einer Volksabstimmung sicher das Gegenteil entscheiden würde. Auch in Demokratien können also Entscheidungen gegen den Willen der Mehrheit durchgesetzt werden. Aber kann es überhaupt anders sein? Je mehr Abstimmungen ein Entscheidungsprozeß enthält, desto mehr Möglichkeiten der Koalitionsbildung, aber auch von Manipulationen sind gegeben ..."

In diesem Augenblick erkannte Scheherezade, daß der Morgen gekommen war, und schwieg.

Zweiunddreißigste Nacht
Unfaire Konkurrenz

„Ruhe, meine Täubchen! Bei diesem Lärm kann ich gar nicht verstehen, was mir mein Freund, der Händler, erzählen will!" rief Schahsaman. Die Frauen seines Harems waren gerade damit beschäftigt, sich den neuesten Klatsch zu erzählen, und jede einzelne machte mehr Lärm als alle anderen zusammen.* Wichtigstes Thema war das traurige Schicksal des Lukumverkäufers, dem der König aus einer Notlage hatte helfen wollen.

Dasmin, eben dieser Lukumverkäufer, beklagte sich bitter über die Naivität des Königs.

„Ihr hattet es ja gut mit mir gemeint, o König, und wolltet mir eine Stellung verschaffen. Dafür hattet Ihr sogar das Monopol für den Lukumverkauf gebrochen und mir die zweite Verkaufserlaubnis für diese wunderbaren Köstlichkeiten auf dem Markt von Samarkand erteilt. Jetzt sind wir zwei Lukumhändler und beide bankrott. Was für ein Schicksal! Euer guter Wille, o König, hat uns ruiniert!"

Dasmin heulte wie ein Schloßhund und konnte nicht mehr weitersprechen. Schahsaman ließ sich die Geschichte von seinem Großwesir erklären.

„Wie Ihr wißt, war Amilad, der erste Lukumverkäufer auf dem Markt, erfolgreich und wohlhabend. Er hatte seinen Stand in der Mitte der langgestreckten Hauptstraße des Basars, und seine Lukums waren so beliebt, daß er die Nachfrage kaum noch befriedigen konnte. Außerdem mußten viele Kunden recht weit bis zu seinem Stand laufen, wenn sie diese Süßigkeiten kaufen wollten."

„Durchschnittlich ein Viertel der Hauptstraße", bestätigte der Mathematiker. „Einige, die am Ende der Straße wohnten, mußten sogar die halbe Straße entlang und wieder zurück laufen, während an-

---

* Ist das nicht irgendwie paradox?

dere, die mehr im Zentrum wohnten, nur einige Schritte zu gehen hatten. Amilad vermutete, daß für viele der Weg zu seinem Stand zu weit war und sie deshalb sogar oft ganz auf Lukums verzichteten."

„Mit zwei Händlern, dachte ich, wäre den Kunden deshalb besser gedient", meinte der König.

„Und Ihr dachtet auch, daß der Gesamtumsatz steigt?" fragte der Mathematiker.

„Gewiß doch. Aber dazu mußten sich beide jeweils eine günstige Position für ihren Stand wählen, am besten der eine bei einem Viertel und der andere bei drei Vierteln der Gesamtlänge der Einkaufsstraße. Das hätte bedeutet, jeder Kunde hätte im Durchschnitt nur etwa ein Achtel der Gesamtlänge zu laufen gehabt."

„Das klingt vernünftig. Und wo war das Problem dabei?" fragte Zephyra.

„Am erstenTag ging alles gut. Beide stellten sich in der für sie optimalen Position auf. Aber dann! Schon am zweiten Tag wollte Amilad mehr Kunden anlocken, und er verschob seinen Stand ein klein wenig zum Zentrum der Einkaufsstraße hin. Weil sich nun mehr Menschen in der Nähe seines Standes aufhielten, kauften auch mehr ihre Lukums bei ihm – zum Schaden von Dasmin. Dieser wollte sich das nicht gefallen lassen, und am dritten Tag verschob nun also auch er seinen Stand zum Zentrum hin, und zwar noch etwas weiter, als es Amilad getan hatte."

„Das war legitim", verteidigte sich Dasmin. „Was hätte ich anderes tun sollen?"

„Ich kann mir vorstellen, wie die Sache weiterging!" rief Zephyra.

„Das ist auch nicht weiter schwierig", meinte der Mathematiker. „Tatsächlich dauerte es nur noch wenige Tage, und schon standen beide Händler direkt nebeneinander im Zentrum der Einkaufsstraße."

„Damit waren natürlich auch die Entfernungen für die Kunden wieder so weit wie zuvor, und der Gesamtumsatz fiel auf das Niveau von früher. Und weil sich jetzt zwei Händler den Gewinn teilen mußten, reichte es für keinen von beiden mehr", schloß der Großwesir.

Der König zeigte sich betroffen, daß seine guten Absichten so ins Gegenteil verkehrt worden waren.

„Und wie wäre es, wenn ich den Lukumhandel völlig freigebe, wenn also jeder Lukums verkaufen dürfte und sich hinstellen könnte, wo es ihm paßt?" fragte er.

„Das wäre eine reine Katastrophe für alle Händler, außer für die beiden an den Enden der Straße", räsonierte der Mathematiker. „Diese beiden würden die anderen immer weiter in der Mitte zusammendrängen und letzten Endes den größten Teil des Umsatzes unter sich aufteilen. Es geht eben nicht gut, wenn alle Zugang zu Privilegien haben."

Nun äußerte sich Schahsaman wieder und wandte sich an die beiden Händler:

„Ihr hättet beide ein gutes Auskommen haben können, wenn ihr nicht beide so habgierig gewesen wärt. Wenn jeder auch nur etwas die Situation seines Kollegen mitbedacht hätte, würdet ihr euch heute nicht beklagen. Jeder von euch hätte einfach an seinem Platz stehen bleiben müssen."

„Ein gewisses soziales Verhalten ist auch für den Erfolg in der Marktwirtschaft unentbehrlich", erklärte nun auch der Großwesir. „Wenn sich keiner an die Regeln hält oder es keine gibt, dann führt das unweigerlich zu Dramen wie diesem hier."*

„Wobei es auch eine Regel wäre, wenn man sagte: 'Es gibt keine Regeln.'", ergänzte der Mathematiker nachdenklich.

„Es wird mir eine Freude sein, meine Untertanen wieder einmal darüber aufzuklären, welche schrecklichen Folgen das Fehlen von Regeln und Gesetzen hat", lachte Schahsaman. „Immerhin kann man damit sehr gut Konflikte lösen, sogar solche, bei denen den Konfliktparteien der Verlust dessen droht, um das sie so heftig kämpfen. Leider sind viele meiner Untertanen ja so dumm ..."

„Wundert euch das?" fragte der Mathematiker. „Immerhin hat die Hälfte der Bewohner von Samarkand einen Intelligenzquotienten, der unter dem Durchschnitt liegt ..."**

„Diese Geschichte ist eine geometrische Variante des sogenannen 'Gefangenendilemmas'", erklärte Scheherezade weiter. *„Zwei Komplizen wurden festgenommen und werden getrennt voneinander verhört. Wenn beide alle Vorwürfe abstreiten, werden sie nur zu einer geringen Strafe verurteilt. Verrät nur einer den anderen,*

---

* Oder gar zum Untergang ganzer Arten. Manche Anthropologen sind der Meinung, der moderne Mensch (*Homo sapiens*) habe den Cro-Magnon-Menschen ausgerottet, und zwar nicht, weil er über besondere physische Fähigkeiten verfügt hätte, sondern aufgrund seiner weiter entwickelten Werkzeuge zur Kriegsführung.

** Rein mathematisch betrachtet müßte das nicht unbedingt so sein. Es könnte ja einen einzelnen Menschen mit einer so hohen Intelligenz geben, daß der Durchschnittswert des IQ der Gesamtbevölkerung irgendwo zwischen seinem IQ und dem der übrigen Bevölkerung zu liegen käme. In diesem Fall wäre weitaus mehr als die Hälfte der Bevölkerung unterdurchschnittlich intelligent ...

dann wird der Kronzeuge freigesprochen, der belastete Komplize dagegen verurteilt. Packen jedoch beide aus, dann bekommen beide die Höchststrafe. Um zu vermeiden, daß einer den anderen verrät und schließlich dadurch beide verlieren, ist es – wie im Fall unserer Lukum-Verkäufer – notwendig, daß jeder der beiden die Interessen des anderen mit berücksichtigt, also schweigt. Dieses Problem wurde bereits intensiv in Untersuchungen zum 'selbstlosen Verhalten' (Altruismus) erforscht. Weil sich solche Situationen in abgewandelter Form auch im Alltag ständig wiederholen, sollte ein großes Interesse daran bestehen, daß Formen des kooperativen Handelns zum Allgemeinwissen werden. Die Forschungen darüber, wie eine optimale Strategie aussehen kann, sind noch lange nicht abgeschlossen.“

In diesem Augenblick erkannte Scheherezade, daß der Morgen gekommen war, und schwieg.

Dreiunddreißigste Nacht
Spiel zu dritt

Endlich fand in Samarkand wieder einmal ein großes Turnier des „Spiels zu dritt" statt. Alle Palastanlagen waren ganz besonders herausgeputzt worden, und alle Bewohner hatten sich in Schale geworfen. Die Spiele erreichten gerade ihren Höhepunkt.

Jede Mannschaft bestand aus drei Spielern. Zwei von ihnen warfen sich immer wieder einen Ball zu, und der dritte versuchte, ihn zu fangen. War dies gelungen, ersetzte der Fänger den Werfer. Dies wiederholte sich so lange, bis der Großwesir das Spiel mit einem Zeichen beendete. Die Spieler, die in diesem Moment Fänger waren, schieden aus.

Bei dem Turnier gab es üppige Preise zu gewinnen, denn als Sponsoren hatten sich ein Hersteller von tragbaren Wasserpfeifen und der Fabrikant eines Deodorants namens Burnous gefunden. Aus allen Teilen des Reiches waren Spieler gekommen, um ihr Glück zu versuchen. Nach den Vorrundenspielen, die einige Tage gedauert hatten, waren jetzt nur noch sechs Spieler übrig.

Irwana war unzufrieden: Ihr Mann Adjib war bereits in der ersten Vorrunde ausgeschieden.

„Das ist ungerecht", beklagte sie sich darüber bei Ramses, dem ägyptischen Gastmathematiker. „Die beiden anderen Spieler in seiner Mannschaft kannten sich bestens und haben sich natürlich miteinander verbündet, um Adjib auszuschalten."

„Ihr habt recht", pflichtete Ramses ihr bei. „Dieses Spiel ist eigentlich nur dann fair, wenn sich entweder alle drei Spieler nicht oder aber gut kennen. Darauf müßte man schon bei der Zusammenstellung der Mannschaften achten."

„Nach all diesen Vorausscheidungen kann man aber wohl davon ausgehen, daß sich die letzten sechs Spieler nicht untereinander kennen", meinte Zephyra, die dazugekommen war.

„Nicht unbedingt, meine Liebe", entgegnete Irwana. „Vielleicht haben sich ja einige schon zu Beginn abgesprochen, alle Konkurrenten auszuschalten!"

Das war ein schwerwiegendes Argument. Der Großwesir wurde hinzugezogen. Er wußte, welche der sechs Spieler sich kannten und welche nicht, und Ramses bewies ihm, daß es unter diesen sechsen zwingend entweder drei Personen gab, die sich kannten, oder aber drei, die sich nicht kannten. Und dadurch wäre sichergestellt, daß mindestens eines der beiden Endrundenspiele fair verlaufen würde.

Durch diese Beratungen verzögerte sich das Spiel, und Schahsaman wollte wissen, was vor sich ging. Er ließ sich die neue Situation von seinem Großwesir erklären.

„Aber wie könnt ihr euch mit eurer Argumentation denn so sicher sein, Mathematiker? Wie wollt ihr denn bei sechs Personen absolut sicher sein, daß sich drei von ihnen nicht kennen?" fragte der König.

„Das habe ich nicht gesagt", präzisierte Ramses. „Ich habe nur behauptet, entweder mindestens drei von ihnen kennen sich – das ergäbe ein faires Spiel – oder mindestens drei von ihnen kennen sich nicht – auch das eine Bedingung für ein faires Spiel. Ich werde es Euch beweisen."

Er zog ein Blatt Papier, einen Bleistift und zwei Buntstifte hervor.

„Zeichnen wir ein Sechseck, wobei jedem der Spieler eine Ecke zugewiesen wird. Dann verbinden wir jeweils zwei Spieler, die sich kennen, mit einer roten Linie, und zwei, die sich nicht kennen, mit einer blauen.“

„Und ihr versucht jetzt, ein Dreieck entweder nur aus roten oder nur aus blauen Linien zu konstruieren – das wäre dann eine der Mannschaften!“ erkannte Irwana aufgeregt.

„Exakt!“ triumphierte Ramses. „Von jeder Ecke gehen nämlich fünf Verbindungslinien zu den anderen Ecken des Sechsecks. Da es nur zwei verschiedene Arten von Verbindungslinien, rot und blau, gibt, müssen von jeder Ecke mindestens drei blaue oder mindestens drei rote Linien ausgehen. Nehmen wir zum Beispiel an, von einer Ecke gehen drei rote Linien ab. Die Endpunkte dieser drei Linien sind entweder selbst durch mindestens eine rote Linie miteinander verbunden – dann hätte man gleich eine Mannschaft von Personen, die sich kennen – oder aber durch zwei blaue. Und in diesem Fall ist zwangsläufig auch die dritte Verbindungslinie blau – man hätte dann eine Mannschaft von Spielern, die sich *nicht* kennen.“

Schahsaman war sehr beeindruckt und tat so, als habe er alles verstanden. „Brillant!“ nickte er. „Da sieht man doch, daß auch das Chaos seine Grenzen hat. Jetzt aber endlich zum Finale!“

In diesem Augenblick erkannte Scheherezade, daß der Morgen gekommen war, und schwieg.

Vierunddreißigste Nacht
Das geliehene Kamel

Der Teppichhändler Abul-Hassan hatte die Nase voll vom Transportgewerbe. „Mit meiner neuen Kameltransportfirma mache ich nur Verluste. Ich werde mich wieder auf meinen eigentlichen Beruf konzentrieren und nur noch Teppiche verkaufen. Die Weber sollen sich dann selber um den Transport kümmern."

Abul-Hassan ging zum Imam Matruna und teilte ihm seine Entscheidung mit.

„Das ist leichter gesagt als getan", gab der Imam zu bedenken. „Wenn du das Vermögen aus deiner Transportfirma aufteilst, mußt du die gesetzlichen Vorschriften beachten. Und die besagen, daß die Hälfte deiner 17 Kamele an deinen ältesten Sohn fällt, ein Drittel an deinen Zweitgeborenen und ein Neuntel an deinen Jüngsten. Deine Töchter bekommen natürlich nichts – was sollten sie auch mit Kamelen anfangen, die Ärmsten."

„Das würde die Aufteilung außerdem noch weiter komplizieren", meinte Abul-Hassan. „Ich frage mich jetzt schon, was mein Ältester mit achteinhalb Kamelen anfangen soll. Und für meinen Jüngsten müßten wir die Kamele sogar in neun gleiche Teile aufteilen. Das wäre doch ein absurdes Gemetzel!"

Matruna kannte sich besser mit der Rechtslage aus als mit Mathematik, und so zogen sie Kesra, den Barbier, bei ihrem Problem zu Rate.

Kesra war ein guter Mathematiker, auch wenn er manchmal etwas wirres Zeug redete.*

---

*   Wenigstens redete er überhaupt. Viele Mathematiker sind ja so zurückhaltend, daß man sie geradezu als introvertiert bezeichnen könnte. Es heißt sogar, ein extrovertierter Mathematiker ist derjenige, der Ihnen beim Reden auf *Ihre* Schuhe schaut.

„Dieses Problem ist mir nicht ganz unbekannt", meinte der Barbier. „Nach der Theorie des Diophanes sowie den Arbeiten von Croft und Guy, die sich von dem strukturalistischen Überbau zu lösen wußten und sich konkreten Problemstellungen zuwandten, und angesichts der Untersuchungen von ..."

„Kurz?" unterbrach ihn der Imam.

„Kurz gesagt, ihr müßt euch ein Kamel ausleihen!"

Die beiden anderen schauten verständnislos, und schließlich gab der Barbier leicht eingeschnappt die Erklärung für seinen seltsamen Rat.

„Siebzehn plus eins gleich achtzehn. Achtzehn durch zwei gleich neun. Also neun Kamele für euren Ältesten. Achtzehn durch drei gleich sechs Kamele für euren zweiten Sohn, und der Jüngste bekommt zwei."

Jetzt fiel bei Abul-Hassan der Groschen:

„Genau! Und weil neun plus sechs plus zwei genau siebzehn ergeben, kann ich das geliehene Kamel wieder zurückgeben. Das grenzt ja an ein Wunder!"

„Überhaupt nicht," erklärte der Barbier, „denn 1/2 + 1/3 + 1/9 ist gleich 17/18, und nicht gleich 1. Bei unserer Verteilung werden also nur 17 der 18 Kamele berücksichtigt, denn 1/18 von 18 ist gleich 1. Deshalb könnt ihr das geliehene Kamel wieder zurückgeben."

Zufrieden ging Abul-Hassan nach Hause. Dort warteten jedoch schon seine drei Töchter mit einem neuen Problem. Sie konnten sich nicht damit abfinden, daß sie bei der Verteilung der Kamele leer ausgehen sollten, und verlangten, daß ihr Vater die Ringe aus seiner Schatztruhe an sie aufteilte. Nun mußte der Händler schon wieder die Hilfe des Imams in Anspruch nehmen.

„Eurer ältesten Tochter steht die Hälfte zu, der zweiten ein Drittel und der dritten ein Siebtel", erklärte Matruna. „Ihr besitzt 41 Ringe? Das wird dann tatsächlich wieder schwierig ..."

„Überhaupt nicht!" meinte Abdul-Hassan nach kurzem Überlegen. „Wir leihen uns diesmal einen Ring aus, den wir danach zurückgeben. Von den 42 Ringen bekommt die Älteste 21, die zweite 14 und die Jüngste, die sonst leider auch immer zu kurz kommt, sechs. Und der geliehene Ring bleibt übrig."

Nach diesen anstrengenden Rechenkunststücken ging er nach Hause und wollte es sich endlich etwas gemütlich machen, als sich die Tür öffnete und die Hebamme eintrat.

„Herzlichen Glückwunsch!" meinte sie strahlend, „ihr seid wieder Vater geworden."

„Wie schrecklich!" stöhnte Abul-Hassan. „Dann müssen wir mit dem Teilen wieder von vorne anfangen. Was ist es denn?"

„Zwillinge! Ein Junge und ein Mädchen ..."

„Solche Situationen ergeben sich immer dann, wenn bei einer Aufteilung die Summe der einzelnen Anteile gleich 1-1/n und die Zahl der zu verteilenden Objekte gleich n-1 ist", erklärte Scheherezade abschließend. Außerdem steht im Zähler all dieser Brüche immer eine Eins. Diese sogenannten 'Stammbrüche' sind bei unsern ägyptischen Mathematikern besonders beliebt, weshalb man sie in Frankreich 'ägyptische Brüche' nennt."

In diesem Augenblick erkannte Scheherezade, daß der Morgen gekommen war, und schwieg.

Fünfunddreißigste Nacht
Die Geschwindigkeit des Lichts

Zephyra war eine gute Sportlerin, doch neigte sie gelegentlich zu Übertreibungen.

„Ich kann unglaublich schnell rennen", prahlte sie. „Wenn ich morgens aus meinem Schlafzimmer gehe, blase ich die Kerze auf dem Nachttisch aus, und ihr Schein erhellt mich noch, wenn ich schon auf der Türschwelle bin.* Wenn ich schlafen gehe, zünde ich die Kerze auf der Türschwelle an, und ich liege schon in den Federn, bevor das Licht überhaupt mein Bett erreicht hat."

„Und ich dachte immer, die Geschwindigkeit des Lichts sei unüberwindlich, sogar für den Schatten und sogar für meine Tochter ...", wunderte sich Adjib. „Da werden wir wohl unseren Physiker fragen müssen."

„Kann schon sein, aber bitte nicht hier und jetzt", bat Irwana. „Diese Gespräche mit Physikern sind immer so schrecklich abstrakt und drehen sich meistens um Themen, mit denen ich überhaupt nichts anfangen kann. Dabei gibt es so viel Wichtigeres, um das sich niemand kümmert."

„Zum Beispiel?" wollte Adjib wissen.

„Zum Beispiel wüßte ich gerne von den Physikern, ob morgen bei meiner Gartenparty schönes Wetter sein wird. Das bringen sie nicht fertig. Aber wenn es darum geht, sich stundenlang über die Geschwindigkeit des Lichts auszulassen, dann sind sie unübertrefflich."

Doch auch König Schahsaman zeigte Interesse an der Sache und beschloß, Djiwan, den Physiker, herbeizurufen, der sich nicht zweimal bitten ließ. Schahsaman stellte ihm das Problem dar.

---

*   Man muß sich mit dem Löschen des Lichtes schon sehr beeilen, wenn man sehen will, wie die Dunkelheit aussieht.

„Gibt es eine maximale Gechwindigkeit, die von nichts und niemandem überschritten werden kann, nicht einmal von unserem Dschinn Iblis?"

„Und warum kann es nicht eine unendliche Geschwindigkeit geben?" wollte Adjib außerdem wissen.

„Diese zweite Frage ist besser gestellt", antwortete der Physiker. „Die Antwort lautet: Weil bei physikalischen Phänomenen jede Wirkung einer Ursache folgt."*

Er ging zum königlichen Billardtisch, nahm eine weiße Billardkugel in die Hand und ließ sie auf eine rote zurollen. Die beiden Kugeln stießen zusammen, und auch die rote Kugel setzte sich in Bewegung.

„Die Ursache der Bewegung der roten Kugel ist der Zusammenstoß mit der weißen. Die Ursache des Zusammenstoßes ist die Bewegung der weißen Kugel. Jede Wirkung hat ihre Ursache, und deshalb ist die Lichtgeschwindigkeit begrenzt.

Denn wenn sich etwas – und sei es das Licht – mit unendlicher Geschwindigkeit fortbewegen könnte, dann würden die Auswirkungen einer Bewegung zeitgleich mit der Bewegung selbst – also der Ursache – stattfinden, und Ursache und Wirkung wären nicht mehr voneinander zu unterscheiden. Das wäre das Ende der Physik, denn unsere Erklärungen der Welt basieren auf der Erkenntnis von Ursachen. Wenn es eine unendliche Geschwindigkeit gäbe, müßte unser Universum auf ewig unverstanden bleiben ..."

„Und die Physiker könnte man alle vergessen", stellte Irwana befriedigt fest. „Na gut, sei's drum."

„Und welche ist denn nun die größtmögliche Geschwindigkeit", fragte Schahsaman.

„Wir Physiker sind zur Zeit der Meinung, daß es sich dabei um die Geschwindigkeit des Lichts handelt", erklärte Djiwan. „Die Teilchen des Lichts oder Photonen, wie sie in Zukunft heißen werden, haben keine Masse. Deswegen können sie sich auch so schnell fortbewegen. Es ist nur schwer vorstellbar, welche Teilchen sich schneller bewegen könnten als masselose Teilchen. Außerdem kann man Photonen auch nicht mehr beschleunigen."

---

* Die Ursachen, die am schwierigsten zu ermitteln sind, sind die, die keine Wirkung zeigen.

„Wieso das?" wunderte sich Iblis. „Ich habe da doch diesen fliegenden Teppich, mit dem ich praktisch Lichtgeschwindigkeit erreiche. Wenn ich darauf hin- und herlaufe, dann addiert sich doch meine Laufgeschwindigkeit zu der des Teppichs, und damit müßte ich in diesem Moment doch schneller sein als das Licht. Und was ist mit dem Licht der Beleuchtung des Teppichs? Müßten die Strahlen dieses Lichts nicht mit 'doppelter Lichtgeschwindigkeit' den dahinrasenden Teppich verlassen?"

„Leider nein", mußte Djiwan auch ihn enttäuschen, „denn Lichtgeschwindigkeit plus irgendeine andere Geschwindigkeit bleibt immer Lichtgeschwindigkeit. Wenn du mit einer Lampe in der Hand läufst, bewegt sich das Licht der Lampe nicht schneller. Und auch die Behauptung von Zephyra überzeugt mich nicht. Denn es kann sich wirklich nichts und niemand schneller bewegen als das Licht."

„Haben Sie auch schon die Geschichte von Lucky Luke gehört, der schneller schießt als sein Schatten?" fragte Scheherezade schmunzelnd. „Das klingt übertrieben, ist aber doch in Wirklichkeit überhaupt nichts Besonderes: Müssen sich doch die Teilchen des Lichts von dem Arm, der die Pistole hält, erst einmal dorthin bewegen, wo der Schatten entsteht. Und das dauert eben etwas ... Bis heute stehen alle Gesetze der Physik im Einklang mit der Annahme, daß die Lichtgeschwindigkeit die höchste Geschwindigkeit überhaupt ist. Diese beträgt etwa 300.000 km pro Sekunde. Selbst wenn man einmal 'Super-Lichtteilchen' entdecken sollte, könnten sogar diese sich nicht schneller bewegen als das Licht, um das Ursache-Wirkungs-Prinzip nicht zu verletzen.
Natürlich könnte man sich auch Welten vorstellen, in denen andere physikalische Gesetze gelten als in unserer Welt. Diese Idee stammt bereits von Newton. Dies wäre allerdings eine äußerst schwierige Aufgabe, und viele Physiker haben sich schon überlegt, ob solche Gedankenspiele überhaupt sinnvoll sind. Denn so weit wir mit unseren Beobachtungen selbst an den Rand unseres Universums vorgestoßen sind: Überall scheinen die gleichen physikalischen Gesetze zu gelten wie auf der Erde."

In diesem Augenblick erkannte Scheherezade, daß der Morgen gekommen war, und schwieg.

Sechsunddreißigste Nacht
Vom Fallen der Körper

Die ganz Unerschrockenen stürzten sich sogar mit einem Kopfsprung vom Felsen. Auch Zephyra traute sich und war selbst von ihrem Mut überrascht. Prustend tauchte sie wieder auf, ganz in der Nähe ihrer Mutter Irwana. Diese hatte jedoch keinen Sinn für solche Belustigungen und tauchte nicht einmal den Kopf unter Wasser, sondern versuchte vielmehr, mit hochgerecktem Hals schwanengleich ihre Runden zu ziehen.

Schahsaman kam in seinem neuen, mit goldenen Krönchen bestickten Badeanzug an den Teich und war doch auch so ganz Seine Majestät, wozu seine Leibesfülle erheblich beitrug. Er erklomm den Sprungfelsen und ließ sich mit einem gewaltigen Platscher ins Wasser fallen. Alle Badenden klatschten Beifall, nur Irwana schüttelte sich widerwillig, denn ihre Frisur hatte schwer gelitten.

„Was für ein gewagter Sprung", lobten die Hofschranzen, „und wie schnell Ihr im Wasser ankamt!"

„Das will ich wohl meinen", nickte Schahsaman selbstgefällig. „Schließlich bin ich der Schwerste aller Felsenspringer, und deshalb komme ich auch am schnellsten unten an."

„Von wegen!" rief Abdul, der Physiker.

Abdul war ein theoretischer Physiker, dem man seine Forschungsgelder stark zusammengestrichen hatte. Um zu überleben, schrieb er nun Science-fiction-Geschichten, in denen wollüstige Frauen in knappen Gewändern in der fünften Dimension gefangengehalten wurden. Er war bloß zum Badeteich gekommen, um sich inspirieren zu lassen. Dennoch ließ ihn auch hier seine Vergangenheit als Physiker nicht los.

„Und wieso nicht?" rief Schahsaman entrüstet. „Bin ich etwa nicht der Dickste von allen?"

„Das gewiß", meinte Abdul, „aber damit kommt Ihr noch lange nicht schneller als die anderen unten an. Die Fallgeschwindigkeit eines Objekts ist nämlich von seiner Masse unabhängig. Sogar die kleine Zephyra fällt genauso schnell wie Ihr."

„Das ist ja wohl Majestätsbeleidigung!" empörte sich der Großwesir.

„Und selbst wenn", meinte Abdul unbeirrt. „Die Schwerkraft verhält sich absolut demokratisch. Alle sind vor ihr gleich. Das kann ich sogar beweisen."

Wieder einmal war Schahsaman neugierig geworden, und er forderte alle auf, am Rande des Teichs Platz zu nehmen. Rasch wurde sein Faltthron Größe XXXL herbeigeschafft.

Abdul brachte sich in Positur, hob einen Kieselstein vom Boden auf und ließ ihn fallen.

„Wie ihr alle sehen könnt," erklärte er, „kommt dieser Kieselstein mit einer gewissen Geschwindigkeit am Boden an".

„Mit welcher?" wollte der Großwesir wissen.

„Das ist zunächst unwichtig", meinte Abdul. „Nehmen wir jetzt aber einmal an, ich finde einen absolut identischen Kieselstein, den ich aus der gleichen Höhe zu Boden fallen lasse. Könnt ihr euch vorstellen, daß er nach genau der gleichen Zeit mit derselben Geschwindigkeit am Boden ankommt wie der erste Stein?"

„Aber selbstverständlich", rief der Wesir. „Also, um zu solchen Erkenntnissen zu kommen, brauche ich wirklich keine staatlichen Fördermittel auszugeben!"

„Zwei identische Experimente müssen ja zu dem gleichen Ergebnis führen", meinte jetzt auch Schahsaman, sichtlich stolz darüber, daß sogar er einmal einer wissenschaftlichen Diskussion folgen konnte.

„Stellt euch nun vor, wir werfen die beiden Steine gleichzeitig. Das würde dann also bedeuten, sie kommen beide zugleich am Boden an. Und jetzt ... verbinden wir die beiden Steine mit einem ganz dünnen Faden und lassen sie wieder fallen. Und siehe da: Sie kommen wieder gleichzeitig an, nach der gleichen Zeit wie zuvor ...!"

„Und was soll dieser Quatsch?" Zephyra konnte sich nicht mehr zurückhalten.

„Aber, aber, überlegt doch einmal", meinte Abdul nun triumphierend. „Wir werfen jetzt nicht mehr einen Stein, nicht zwei Steine, sondern *ein* Objekt aus zwei mit einem Faden verbundenen Steinen, das *doppelt so schwer* ist wie ein einzelner Stein. Und doch kommt dieses

Objekt nach der gleichen Zeit am Boden an wie die einzelnen Steine! Das ist der Beweis: Die Fallgeschwindigkeit eines Objekts hängt nicht von seiner Masse ab!* Ist das nicht fantastisch?"

Der Großwesir war sprachlos. Unglaublich, daß eine so simple Demonstration zu einer so erstaunlichen Schlußfolgerung führen konnte!

„Wie ist es bloß möglich, daß einen die Intuition, der sogenannte 'gesunde Menschenverstand', dermaßen in die Irre führen kann?" fragte er sich. „Da zeigt sich wieder einmal, daß die Leute keinen blassen Schimmer von Physik haben."

---

* Die Beweisführung Abduls ist strenggenommen nur für Körper gleicher Beschaffenheit gültig. Die Verallgemeinerung auf ungleiche Körper ist eine Hypothese, die zwar bisher in jedem Fall bestätigt werden konnte, die jedoch immer wieder einmal in Zweifel gezogen wird: Könnte es nicht vielleicht doch sein, daß die Schwerkraftwirkung von der Beschaffenheit eines Körpers abhängt?

Zephyra hatte nun wirklich genug von Nachhilfestunden in Physik an einem so herrlichen Sommernachmittag und forderte ihren Großvater auf, wieder in den Teich zu kommen.

Das ließ sich der König nicht zweimal sagen. Sah er doch eine wunderbare Möglichkeit, die etwas trockene physikalische Theorie zum krönenden Abschluß noch einmal ganz praktisch auf sehr erfrischende Weise zu demonstrieren.

„Für alle, die es jetzt immer noch nicht verstanden haben: Zephyra und ich, wir machen jetzt ein Experiment. Aufgepaßt!"

Dann stiegen die beiden den Felsen hinauf, hielten sich an den Händen fest und sprangen gleichzeitig los ...

„Es war kein Geringerer als Galilei, der zeigte, daß die Fallgeschwindigkeit eines Körpers unabhängig von seiner Masse ist, indem er eine Holz- und eine Metallkugel vom Schiefen Turm von Pisa fallen ließ", erzählte Scheherezade weiter. „Zwar wird die Fallgeschwindigkeit auch noch etwas vom Luftwiderstand beeinflußt, doch bereits im 19. Jahrhundert gelang es dem ungarischen Baron Loránd Eötvös, durch Fallversuche in luftleeren Röhren diesen Störfaktor für genaue Messungen auszuschalten. Die Schwerkraft, die uns auf der Erde hält, ist tatsächlich proportional zur Masse. Weil aber die Beschleunigung, die beim Fall durch die Schwerkraft erzeugt wird, umgekehrt proportional zur Masse ist, heben sich diese beiden Effekte gegenseitig auf, und die Fallgeschwindigkeit wird von der Masse unabhängig, wie bereits Isaac Newton zeigen konnte."

In diesem Augenblick erkannte Scheherezade, daß der Morgen gekommen war, und schwieg.

Siebenunddreißigste Nacht
Die Ablenkung des Lichts

Yatagan brauste auf seinem neuen Teppich am Strand entlang. Das Fluggerät hatte gut und gerne 150 KS*, und mit der letzten Version von Aladins Wunderlampe, die er sich ebenfalls geleistet hatte, fühlte er sich geradezu unschlagbar. Er hatte vorgeschlagen, einen kleinen Ausflug zu den Sternen zu machen, und so flogen sie zu acht los. Zephyra hielt die Hand ihres Großvaters, des Königs Schahsaman, der seinen ganzen Mut zusammennahm, um seiner Enkelin ein gutes Vorbild zu geben. Mit der anderen Hand umklammerte sie einen Blumenstrauß, den ihr ihr Freund Zifra vor dem Abflug geschenkt hatte.

Die Erde war zu einer strahlend blauen Kugel im Weltall geschrumpft, als Yatagan ankündigte, daß er die Triebwerke abstellen werde.

„Haltet euch fest, wir bremsen", meinte Irwana.

„Aber nein", beruhigte sie Abdul. „Wir halten nicht an, sondern wir fliegen mit der gleichen Geschwindigkeit wie vor dem Abstellen der Triebwerke weiter."

Irwana haßte diesen Physiker, der ihr ständig widersprach. Noch dazu hatte er immer recht ...

„Wenn auf einen Körper keinerlei Kraft einwirkt, dann bleibt seine Geschwindigkeit konstant", beharrte er.

„Beunruhigend", meinte Schahsaman.

„Jetzt fliegen wir genau über dem Strand, von dem wir abgeflogen sind", rief Zephyra. „Ich werde meinen Blumenstrauß abwerfen, und er wird meinem lieben Zifra direkt vor die Füße fallen!"

„Falsch!" Schon wieder meldete sich der Physiker zu Wort. „Auch wenn du deinen Strauß losläßt, wird er mit uns zusammen weiterfliegen. Probier's doch einmal aus."

---

* Kamelstärken

Zephyra ließ den Strauß los und beobachtete fasziniert, wie er neben ihr schwebte.

Jetzt beschleunigte Yatagan den Teppich wieder, und sie bewegten sich senkrecht nach oben, in Richtung des Großen Bären. Abdul nutzte die Stille der unendlichen Weiten, um wieder einen kleinen Vortrag über Physik zu halten.

„Wir sind jetzt sehr, sehr weit entfernt von jedem Himmelskörper, und die Schwerkraft beträgt null. Wir wiegen alle gar nichts mehr. Sogar unsere Majestät der König: Gerade wollte er sich anders hinsetzen, schon hebt er ab und schwebt. Yatagan, beschleunige doch einmal gleichmäßig!"

Yatagan gehorchte, und der König wurde wieder zurück in seinen Sitz gepreßt.

„Seht ihr", meinte Abdul, „wenn ihr die Augen schließt, könnt ihr meinen, ihr seid auf der Erde. Man kann also eine gleichförmig beschleunigte Bewegung nicht von einem Schwerefeld unterscheiden."

„Wenn ich jetzt zwei Kugeln loslasse, dann fallen sie sogar beide auf den Teppich", bemerkte der Großwesir.

„Könnte man meinen. Tatsächlich sind die Kugeln in bezug auf das Universum unbeweglich; vielmehr bewegt sich der Teppich auf sie zu. Und weil Schwerkraft und gleichförmig beschleunigte Bewegungen den gleichen Effekt haben, wird auch klar, warum auf der Erde alle Gegenstände gleich schnell fallen: Sie verhalten sich genau so, als ob sie von der Erde aufgefangen würden."

Schahsaman und der Großwesir betrachteten versonnen die Tiefen des Weltalls. Yatagan betrachtete Irwana, und Irwana überlegte, ob es wohl einen Siebten Himmel gebe. Nur Zephyra unterbrach wieder einmal die beschauliche Stille.

„Und das Licht?" fragte sie.

„Was soll mit dem Licht sein?" schrak der König aus seinen Gedanken.

„Das Licht hat doch keine Masse", meinte Zephyra. „Wird es denn dann von einem Himmelskörper angezogen, zum Beispiel von der Erde?"

„Das ist eine heikle Frage," antwortete der Physiker, „aber im großen und ganzen: Ja. Jedenfalls wird das Licht nicht beschleunigt, denn seine Geschwindigkeit ist immer – die Lichtgeschwindigkeit."

Im Nu war Abdul wieder ganz in seinem Element.

„Wir haben sogar die Möglichkeit zu sehen, wie das Licht von einer Masse angezogen wird."

„Kann man sich das so vorstellen, daß die Bahn des Lichts gekrümmt wird wie die eines Planeten, der um eine Sonne kreist?" wollte der Großwesir wissen.

„Genau!" rief der Physiker. „Nehmen wir doch einmal hier dieses neueste Modell von Aladins Wunderlampe, die ganz kurze Lichtblitze oder einzelne Lichtstrahlen abgeben kann. Stellen wir sie so auf dem vorderen Rand des Teppichs auf, daß sie aus einem Meter Höhe einen Lichtstrahl parallel zum Teppich nach hinten abgibt. Es wäre zu erwarten, daß dieser Strahl auch in einem Meter Höhe am hinteren Ende des Teppichs ankommt. Nun fliegen wir aber mit gleichmäßig beschleunigter Geschwindigkeit senkrecht zum Teppich – 'nach oben', wie man auf der Erde sagen würde. Und nun wird man feststellen, daß der Lichtstrahl in weniger als einem Meter Höhe am hinteren

Ende des Teppichs ankommt. Er wurde also zum Teppich hin abgelenkt. Und die Ablenkung ist gleich der Zeit im Quadrat!"

„Das wäre ja dann genau wie bei uns auf der Erde, wo die von einem fallenden Körper zurückgelegte Entfernung ebenfalls proportional zum Quadrat der verflossenen Zeit ist", begeisterte sich der Großwesir.

„Und ich sage es noch einmal," setzte Abdul hinzu, „eine gleichförmig beschleunigte Bewegung erzeugt den gleichen Effekt wie ein Schwerefeld. Wenn also das Licht bei einer gleichförmig beschleunigten Bewegung abgelenkt wird, dann ist damit auch gezeigt, daß es von der Schwerkraft abgelenkt wird. Genau das wollten wir schließlich wissen."

„Genau das wollte dieser Pedant uns mal wieder unbedingt eintrichtern", grummelte Irwana. „Schluß jetzt, Yatagan, auf nach Hause!"

„Die Ablenkung des Lichts durch Masse, die von Albert Einstein vorhergesehen worden war, konnte im Verlauf einer totalen Sonnenfinsternis tatsächlich beobachtet werden", erzählte Scheherezade weiter. „Ein Stern, den man gar nicht hätte sehen dürfen, weil er sich hinter der Sonne befand, war dennoch sichtbar: Das Sternenlicht war von der Sonne abgelenkt worden, und zwar genau um den von Einstein berechneten Betrag! Einsteins Gedankengang war so einfach (oder so 'schlicht genial'), daß auch bereits Galilei fünfhundert Jahre früher darauf hätte kommen können. So manche Idee braucht eben ihre Zeit zum Reifen ... Übrigens beobachtet man seit einigen Jahren durch Schwerkrafteinwirkungen verursachte 'Fata Morganas' im Weltall: Der Weg, den das Licht von bestimmten entfernten Sternen zu uns nimmt, wird durch riesige Massen verlängert, die sich zwischen den Sternen und der Erde befinden. Die genaue Analyse dieses 'gekrümmten Lichts' erlaubt uns Rückschlüsse auf diese geheimnisvollen Materiehaufen."

In diesem Augenblick erkannte Scheherezade, daß der Morgen gekommen war, und schwieg.

Achtunddreißigste Nacht
Das schreckliche Labyrinth

Diadema, die neue Favoritin des Königs, war von dem bösen Dschinn Damvirat entführt worden. Damvirat war einfach das Böse in Person, und zu seinem Tagesprogramm gehörte mindestens eine Übeltat. Mit dieser Entführung war also sein tägliches Soll erfüllt.

„Er hält Diadema im schrecklichen Labyrinth gefangen, und wir müssen sie von dort befreien", hatte Iblis herausgefunden. „Wir brauchen dazu aber einen unerschockenen Mathematiker, der kein Abenteuer scheut."

„So einen wirst du kaum finden", meinte Schahsaman, „das sind ja alles eher Stubenhocker. Fragen wir doch vielleicht einmal Abdul. Mit thoeretischen Physikern kann man manchmal mehr anfangen."

Gesagt, getan, und Abdul war bald zur Stelle.

„Ich kenne mich ganz gut mit Labyrinthen aus", erklärte er. „Es gibt immer einen Ausweg."

Sie nahmen auf dem Teppich Platz, und Yatagan übernahm das Kommando. Sie flogen über den Gefährlichen Ozean und über das nördliche Packeis, und landeten schließlich am Eingang zu den Höhlen der Schwarzen Berge. Abdul und Iblis betraten den Eingang, von dem zahllose Wege ausgingen.

Das verwunschene Labyrinth war der Tempel der Unwetter. Hierher kamen die Wirbelstürme, um wieder frische Kraft zu tanken. Auch andere Winde, gelegentlich sogar Zephyr, der milde Südwind, fanden sich zum Ausruhen hier ein.

„Wir müssen zu Diadema", meinte Iblis. „Welchen Weg sollen wir bloß wählen?"

„Das ist zunächst einmal egal", erklärte Abdul. „Wir müssen beim Gehen nur stets mit der linken Hand die Wand des Ganges berühren, wenn wir den Ausgang sicher wiederfinden wollen. Und wenn der Architekt des Labyrinths nicht übermäßig raffiniert war, dann finden wir so auch gleich Diadema."

Sie kamen nur langsam voran. Überall pfiff der Wind und heulte schauerlich.

„Vorsicht, diese Bö ist besonders gefählich,“ warnte Iblis, „sie kommt vom Meer der Versunkenen und transportiert die Seelen der Toten“.

Nur mit Mühe konnten sie sich festhalten, um nicht weggerissen zu werden. Schließlich erreichten sie wieder den Ausgang, jedoch ohne Diadema gefunden zu haben.

„Dieses Labyrinth besteht nicht nur aus einem Teil, deshalb funktioniert auch unsere Suchmethode nicht“, überlegte Abdul. „Wir finden zwar immer wieder zum Ausgang zurück, können aber nicht das ganze Labyrinth erforschen.“

„Heißt das, Diadema ist verloren?“ Yatagan war entsetzt.

„Nein, zum Glück nicht“, beruhigte ihn der Physiker. „Es gibt noch eine weitere Methode. Wir werden jetzt systematisch alle Einzelbereiche des Labyrinths erforschen und beginnen mit dem Eingang ganz links. Bei jeder Verzweigung nehmen wir ebenfalls den Gang ganz links und markieren ihn. Wenn er nicht weiterführt, dann betreten wir den Gang rechts daneben und so weiter. Dann können wir sicher sein, daß wir Diadema wiederfinden.“

Diese Methode war recht mühselig, doch nach langem Bangen war es endlich soweit.

„Hier ist sie!" rief Iblis.

Rasch wurde Diadema von ihren Fesseln befreit, und sie machten sich auf den Weg zurück zum Ausgang. Was für ein Glück, daß Zephyr, der milde Südwind, sich ebenfalls gerade im Labyrinth aufgehalten und Mitleid mit der Gefangenen gehabt hatte, denn sonst wäre sie sicherlich erfroren.

So aber kehrten sie rasch und sicher zurück nach Samarkand, und die Geschichte nahm ein glückliches Ende.

„Labyrinthe faszinieren die Menschen schon seit langem", meinte Scheherezade zum Abschluß. „So konstruierten die Gartenmeister der Renaissance umfangreiche Anlagen in Schloßgärten, etwa in Hamstead in England oder im französichen Chantilly. Auch in Kirchen finden sich gelegentlich Labyrinthe zur Verzierung der Fußböden, zum Beispiel die 'Jerusalemer Meile' ('lieue de Jérusalem') der gotischen Kathedrale in Saint-Quentin (Frankreich), die den Bußweg der Gläubigen nach Jerusalem symbolisieren sollte. Dieses Labyrinth besteht aus einem einzigen Flügel oder Konnex. In einem solchen Labyrinth bilden die äußeren Begrenzungen eine geschlossene Linie endlicher Länge. Manche Indianerstämme dekorierten ihre Pferdedecken mit Labyrinthmotiven. Die hier dar-

*gestellte Methode der systematischen Erforschung eines Laby-
rinths wurde von dem französischen Mathematiker Tarry im Jahre
1895 zum ersten Mal beschrieben.
Ist es Ihnen auch schon einmal passiert, daß sie Ihr Auto in einem
fremden Stadtviertel abgestellt hatten und es nicht wiederfanden?
In einem solchen Fall sind Sie in der gleichen Situation wie unsere
Helden in ihrem Labyrinth. Probieren Sie dann doch einfach einmal die Methode von Tarry aus ..."*

In diesem Augenblick erkannte Scheherezade, daß der Morgen gekommen war, und schwieg.

Neununddreißigste Nacht
Die Brücken von Schahropolis

„Ihr müßt Euch etwas mehr bewegen, Majestät, sonst bekommt Ihr bald einen Herzinfarkt!"

„Ich weiß, ich weiß", unterbrach Soliman schnaufend seinen Leibarzt.

„Wie wäre es vielleicht mit Dauerlauf? Vor jeder Mahlzeit könntet Ihr eine Runde durch Eure Stadt machen und dabei alle sieben Brücken überqueren."

„Das würde mir nicht im Traum einfallen, mich mitten in diese Horde von verrückten Joggern zu begeben, die bei meinem Sonntagmorgenausflug immer meiner Kutsche im Weg sind!" Ihre Majestät schüttelte sich.

„Und Eure Gesundheit? Ihr könntet viel von dem Elan Eurer Jugendjahre zurückgewinnen – und auch das Essen würde Euch wieder schmecken."

Diese Perspektiven hatten nun doch etwas Verlockendes für den Herrscher.

„Nun gut, aber jede Brücke nur ein einziges Mal. Nur kein falscher Übereifer. Und an jeder Brücke brauche ich eine kleine Stärkung."

Also machte sich Kadur, der Majordomus des Hofes, daran, eine Route für den König auszuarbeiten. Der Palast von Soliman lag auf einer Insel, die über fünf Brücken mit dem Festland und einer zweiten Insel im Fluß verbunden war. Auch die zweite Insel war mit je einer Brücke mit beiden Flußufern verbunden.

Kadur probierte und probierte, aber es wollte ihm einfach nicht gelingen, einen Weg zu finden, der vom Schloß aus über alle fünf Brücken wieder zum Schloß zurückführte.

Entnervt fragte er den berühmten abendländischen Wissenschaftler Theo Rehm um Rat, der gerade als Gastprofessor am Hof weilte.

„Unmöglich!" meinte der nur.

„Wenn man die Insel A verläßt und wieder zurückkommt, muß man zwei Brücken benutzen. Jede Strecke von A nach A zurück umfaßt eine gerade Anzahl von Brücken. Fünf ist aber eine ungerade Zahl, also gibt es die Strecke nicht, die Ihr sucht."

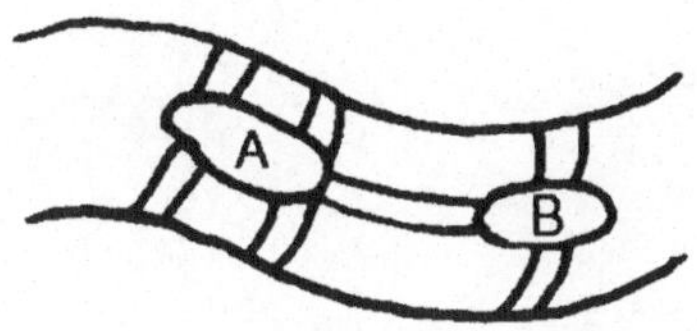

Kadur war ratlos, aber sein Stellvertreter hatte eine Idee.

„Bauen wir doch einfach ein Nebengebäude des Palastes auf der Insel B. So könnte Soliman jeweils einmal die fünf Brücken seiner Palastinsel überqueren und seinen Lauf dann standesgemäß auf B abschließen."

Schon wollten sie Gelder für den Bau des Nebengebäudes beantragen, als Rehm sie zurückhielt.

„Eurer Plan wird euch auch nichts nützen", meinte er. „Vom Nord- wie vom Südufer des Flusses gehen je drei Brücken ab. Und drei ist eine ungerade Zahl. Bereiche, von denen eine ungerade Zahl von Brücken ausgehen, müssen aber entweder der Ausgangs- oder der Zielpunkt der Laufroute sein. Wir haben hier jedoch vier solcher Bereiche, nämlich die beiden Inseln und die beiden Ufer. Jede Route kann aber nur einen Start- und einen Zielpunkt haben – und nicht vier. Daher ist euer Vorhaben völlig unmöglich."

„Und wenn ich auch nur über eine einzige Brücke zweimal laufen muß, könnt ihr euren Plan vergessen", ließ sich nun Soliman vernehmen.

„Nun dann, Majestät", meinte schließlich Kadur, „dann brauchen wir eben doch eine Revolution …"

„… Eures Speisezettels!" fügte Rehm rasch hinzu.

„Der Schweizer Mathematiker Leonhard Euler begründete im 18. Jahrhundert eine neue mathematische Disziplin, die Topologie, ursprünglich 'Positionsgeometrie' genannt", erzählte Scheherezade weiter. „Er ging dabei von einem ähnlichen Problem wie in un-

serer Geschichte aus und beschäftigte sich mit den Brücken von Königsberg. Bei diesen geometrischen Problemen spielt die Ausdehnung der Ausgangspunkte keine Rolle, nur die Verbindungen zwischen ihnen sind wichtig. Angenommen, man hätte ein Modell der Stadt Königsberg aus einem sehr elastischen Kunststoff, dann könnte man dieses Modell nach Belieben dehnen und verbiegen, ohne daß sich an dem Brückenproblem etwas änderte – solange man nur keine Brücke entfernt oder hinzufügt."

In diesem Augenblick erkannte Scheherezade, daß der Morgen gekommen war, und schwieg.

Vierzigste Nacht
Das Chaos

Es war wieder einmal ein heißer und trockener Sommer. Eine Abordnung der Bauern war vor Schahsaman erschienen, um ihm ihre Sorgen vorzutragen.

„Seit Monaten schon kein Regen mehr", klagten sie. „Was soll bloß aus unserer Ernte werden?"

Der König ließ den Obersten Priester Latifa kommen, der seiner Meinung nach für solche Angelegenheiten zuständig war. Dieser opferte mehrere Ziegen, was jedoch nicht zu dem gewünschten Erfolg führte.

„Man hat manchmal den Eindruck, daß sich gerade im Wetter die Launen der Götter ganz besonders gut widerspiegeln", meinte der Dschinn Iblis. „Da ist natürlich nichts dran. Alles hängt von den Luftbewegungen in der Atmosphäre ab, von der Sonneneinstrahlung und der Neigung der Erdachse. Das Klima als solches ist durchaus berechenbar. Alles ist vorhersehbar."

„Qué será, será", summte Zephyra.

Hossein, der ägyptische Mathematiker, war gerade wieder am Hof zu Gast und meldete sich zu Wort.

„Klimavorhersagen sind berechenbar, nicht jedoch Wettervorhersagen. Das Gleichgewicht der Atmosphäre ist nämlich instabil. Um die Wetterentwicklung sicher vorherzuberechnen, müßte man mit außerordentlicher Präzision die Position sämtlicher Teilchen in der Atmosphäre zu einem bestimmten Zeitpunkt kennen sowie sämtliche Boden-, Luft- und Wassertemperaturen. Das ist natürlich unmöglich. Und geringste Abweichungen von diesen Ausgangswerten können bereits zu einem vollständig anderen Gesamtergebnis führen."

„Das heißt also, selbst wenn man die Gesetzmäßigkeiten hinter diesen Phänomenen kennt, kann man dennoch keine genauen Berechnungen durchführen?" wollte Iblis wissen.

„Genau! Sogar eine Winzigkeit wie der Flügelschlag eines Schmetterlings in einem weit entfernten Land kann dazu führen, daß einige Zeit später in Samarkand ein vollkommen anderes Wetter herrscht, als wenn der Schmetterling diesen Flügelschlag nicht getan hätte"*, erklärte der Mathematiker seinen verblüfften Zuhörern.

„Man lasse einen Schmetterling in der Grenzprovinz mit den Flügeln schlagen!" ordnete Schahsaman an.

„Bringt alle Schmetterlinge um, denen wir dieses Wetter zu verdanken haben!" riefen die Bauern.

Hossein schaute den König verständnislos an.

„Aber das mit dem Schmetterling sollte doch nur ein Beispiel für die Wichtigkeit genauester Messungen sein, Majestät. Ich habe doch nicht gesagt, daß *tatsächlich* ein Schmetterling ..."

„Also ist das Wetter doch so etwas wie Schicksal. Wozu leisten wir uns dann eigentlich Mathematik und Physik?"

Jetzt wurden die Bauern ungeduldig. Einige schwangen bereits ihre Heugabeln, und Schahsaman wurde es etwas mulmig.

„Man öffne die königlichen Kornspeicher, um diese Armen zu speisen", befahl der König. „Entweder ich oder das Chaos!"

Das hätte er nun nicht besser ausdrücken können: Das Wetter ist zwar durch und durch von den Gesetzen der Physik bestimmt, und dennoch verhält es sich chaotisch.

„Das ist genau wie mit der Bewegung der Roulettekugel", rief Zephyra. „Wenn man ganz genau die Anfangsgeschwindigkeit und die Startposition der Kugel kennen würde, dann könnte man ausrechnen, wo sie landet."

„Und das ist völlig unmöglich, weil ja schon der Flügelschlag eines Schmetterlings oder jedes andere ähnlich unbedeutende Ereignis die ganzen Berechnungen wieder zunichte machen könnte.** Wenn ein

---

* "Die Nase der Kleopatra, wär' nur ein wenig spitzer sie gewesen, der Lauf der Zeiten wär' ein anderer geworden ...", wie es früher hieß.

** Ein weiteres schönes Beispiel wurde für das Billardspiel errechnet: Angenommen, man könnte die Reibungsverluste der Kugel auf dem Tisch derart minimieren, daß ein Stoß über 13 Banden möglich wäre. Dann würde bereits die Bewegung eines Zuschauers im Raum ausreichen, daß durch die so entstehende Veränderung der Schwerkraft, die der Körper des Zuschauers auf die Billardkugel ausübt, die Kugel beim 13. Aufprall eine andere Bande trifft.

System sehr instabil ist, dann ist es unmöglich, seine Entwicklung vorherzuberechnen, und es entsteht der Eindruck, es verhalte sich willkürlich. Natürlich ist die Zukunft immer schon in der Gegenwart enthalten, aber um sicher langfristige Voraussagen machen zu können, muß man zunächst einmal die Gegenwart gut kennen, und zwar auch in den kleinsten Details."

„Irgendwie schade", meinte Iblis. „Und doch können wir mit Sicherheit sagen, daß es in sechs Monaten wieder Winter ist, und dann wird es kälter sein als heute. Gewisse langfristige Voraussagen sind also durchaus möglich, nur nicht im Detail."*

„Der französische Mathematiker Henri Poincaré zeigte, daß auch einfache Gleichungen außerordentlich komplizierte Lösungen haben können", erzählte Scherazade weiter. „Die Lösungen können sogar so beschaffen sein, daß winzige Veränderungen in einem der

---

* Ist es übrigens nicht merkwürdig, daß die Vorhersage schlechten Wetters viel öfter zutrifft als die von schönem?

Terme der Gleichung das Endergebnis vollkommen verändern können. In der Meteorologie könnte dieses Endergebnis darin bestehen, daß es regnet oder eben nicht. Solche Systeme bezeichnet man als 'chaotisch'. Der Mathematiker Jacques Hadamard bemerkte einmal: 'Eines der Grundprobleme der Himmelsmechanik, nämlich die Stabilität unseres Sonnensystems, gehört vielleicht in die Kategorie der falsch gestellten Fragen. [...] Wir wissen heute, daß jede stabile Bewegung durch eine minimale Veränderung der Ausgangsbedingungen in eine völlig instabile Bewegung verwandelt werden kann, bei der das Objekt in die Unendlichkeit trudelt. Nun kennen wir aber bei allen astronomischen Problemen die Ausgangsbedingungen nur mit einer begrenzten Genauigkeit. Und gerade in dieser fehlenden Genauigkeit, so gering der Fehler auch sein mag, könnte die Ursache verborgen liegen, daß sich ein System völlig anders verhält als vorausberechnet.'
Nachdem man den chaotischen Charakter meteorologischer Phänomene entdeckt hatte, zeigte der Physiker David Ruelle, daß eine ganze Reihe physikalischer Systeme diese erstaunliche Empfindlichkeit für winzige Veränderungen der Ausgangsbedingungen aufweist. Allerdings verhalten sich durchaus nicht alle Systeme chaotisch, und es wurden auch Einflüsse entdeckt, durch die ein System stabilisiert wird. So zeigte Jacques Laskar, daß die Schwerkraft des Mondes die Drehung der Erde stabilisiert."

In diesem Augenblick erkannte Scheherezade, daß der Morgen gekommen war, und schwieg.

Einundvierzigste Nacht
Die unscharfe Welt

Nach dieser Begegnung mit dem Chaos hatte Schahsaman genug von den unpräzisen Aussagen seiner Physiker. Er berief sein Beratergremium ein, um über die zukünftige Verteilung der Fördermittel für die Grundlagenforschung zu beraten.

„Meine Wissenschaftler sollen mir eine Liste mit all dem aufstellen, was sie sowieso nicht herausfinden können", verlangte er.

Die Forscher wußten, daß dem König jeder Vorwand recht war, um die Fördermittel für die Wissenschaft zu kürzen. Daher ergriff der Mathematiker und Physiker Abdul jetzt mutig das Wort.

„Machen wir doch einfach eine Entdeckungsreise, Majestät. Wir können Euch einige interessante und lehrreiche Beispiele dessen zeigen, was wir nicht herausfinden können."

„Wo soll es denn hingehen?" fragte der König eher skeptisch.*

„Wir reisen in die Welt der Atome!"

Durch einen kleinen Wink mit Aladins Wunderlampe schrumpften alle zu der Winzigkeit von Atomen. Nachdem sie sich an den Anblick des Mikrokosmos etwas gewöhnt hatten, führte Abdul sie zu einem einzelnen Atom, das still vor sich hin schwebte.

„Das ist das einfachste Atom überhaupt", erklärte er, „und zwar ein Wasserstoffatom. Es besteht aus einem dickeren Kern, um den in großer Entfernung ein winziges Etwas rotiert. Dazwischen ist absolut nichts, und das winzige Etwas ist ein Elektron."

„Beleuchtet es mal mit der Lampe", bat Schahsaman. „Ich möchte mir dieses Ding gerne etwas genauer ansehen."

„Die Elektronen verhalten sich etwas ungewöhnlich", erklärte Abdul. „Sie sind ziemlich scheu. Wenn man sie beleuchtet, um sie näher anzusehen, machen sie sich davon."

---

* Durch Studium wird Unwissenheit zu Unsicherheit.

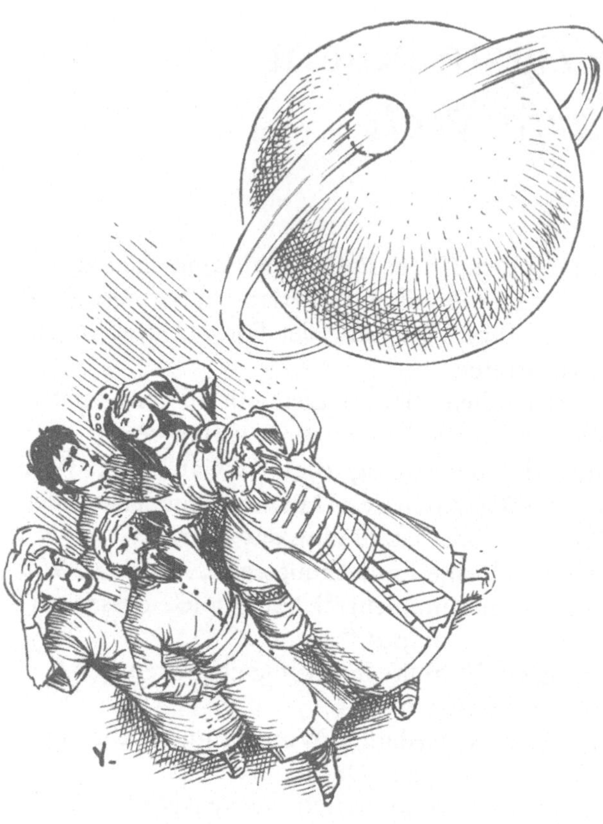

„Komische Sitten“, meinte Yatagan.

„So ist das eben in der Welt der Elementarteilchen. Wenn man versucht, die genaue Position von einem von ihnen zu ermitteln, indem man es zum Beispiel beleuchtet, dann beschleunigt es sich und entkommt. Deshalb müssen Aussagen zu Positionen von Elementarteilchen immer etwas vage und unscharf bleiben.“

„Das ist wie mit den Frauen, die ich kennenlerne“, meinte Yatagan. „Sobald ich sie nach ihrer Adresse frage, suchen sie das Weite.“

„Es ist also unmöglich, zugleich die Position und die Geschwindigkeit eines Teilchens zu kennen.“

„Aber das ist doch klar, man kann eben nicht zwei Sachen zugleich machen“, sagte Zephyra.

„Es geht gar nicht nur darum“, ergänzte Abdul. „Selbst wenn man sich mit mehreren Beobachtern zugleich ans Messen machte, würde es nicht gelingen. Außerdem kann man aus diesem Phänomen schließen, daß es keinerlei Objekt geben kann, das absolut unbeweglich ist, denn dann könnte man ja gleichzeitig seine Position und seine Geschwindigkeit, nämlich null, bestimmen.“

Zephyra bestaunte immer noch den Atomkern mit dem umkreisenden Elektron.

„Wenn der Atomkern positiv und das Elektron negativ geladen sind, warum stürzt dann das Elektron nicht auf den Kern?" fragte sie. „Gegensätze ziehen sich doch an, oder?"

„Ganz einfach, weil es sich ja dann an einem festen Ort befinden würde, und wir haben ja gerade gehört, daß es das nicht verträgt. Es hält sich lieber mit einer gewissen Wahrscheinlichkeit in einer gewissen Entfernung auf ..."

„Und was haben wir nun davon?" fragte der König unwirsch dazwischen. „Ich habe allmählich den Eindruck, daß ich mit einer gewissen Wahrscheinlichkeit mein Geld zum Fenster hinauswerfe."

„Aber das Ganze hat doch sehr wohl eine praktische Bedeutung!" Einen solchen Vorwurf konnte Abdul nicht auf sich sitzen lassen. „So erklärt es sich zum Beispiel, daß Euer Thron nicht zusammenkracht, wenn Ihr Euch daraufsetzt, o Majestät. Wenn Ihr nämlich Euren königlichen Allerwertesten auf die Sitzfläche setzt, dann preßt Ihr die Elektronen Eures Gewandes gegen die des Thrones und damit auf ihre jeweiligen Atomkerne zu. Durch das Zusammenpressen haben die Elektronen weniger Platz, der Bereich ihres wahrscheinlichen Aufenthaltes wird eingeengt. Damit steigt ihre Geschwindigkeit und folglich auch ihre Energie. Und die setzen sie Eurem Hinterteil entgegen. Tatsächlich sitzt Ihr also stets auf einer Art Elektronenwolke mit wohldefinierten Aufenthaltswahrscheinlichkeiten!"

Jetzt zeigte sich Schahsaman doch beeindruckt, und er hatte irgendwie das Gefühl, daß es hier um ganz grundlegende Dinge ging. Ohne diese Eigenschaft der Elementarteilchen, daß man niemals gleichzeitig ihren Aufenthaltsort und ihre Geschwindigkeit bestimmen kann, würden sich also alle positiven und negativen Ladungen gegenseitig anziehen, und alles würde verschwinden.

„Ihr seht also, daß es durchaus auch sinnvoll sein kann, wenn man etwas nicht genau bestimmen kann", faßte Abdul nochmals zusammen. „Die Erkenntnis entsteht hier aus der Unmöglichkeit des Wissens ..."

„Das Verhalten der Elementarteilchen ist unter der Bezeichnung 'Unschärferelation' bekannt", erklärte Scheherezade. „Die Welt

dieser Teilchen scheint uns von unserer 'makroskopischen' Alltagswelt sehr verschieden. Wie die Fledermaus aus der Fabel von La Fontaine, die sich selbst zugleich als Vogel und als Säugetier beschrieb, haben auch alle Objekte der Physik zugleich Eigenschaften von Wellen und Materie. Es ist unmöglich, zugleich mit absoluter Sicherheit Geschwindigkeit und Position anzugeben. Damit verliert auch der Begriff der (Umlauf-) 'Bahn', mit dem man in der makroskopischen Welt diese Angaben zu machen pflegt, in der Welt der Elementarteilchen seinen Sinn. Deshalb spricht man hier eher von 'Aufenthaltswahrscheinlichkeiten' für die Bereiche, in denen sich ein Teilchen bewegt."

In diesem Augenblick erkannte Scheherezade, daß der Morgen gekommen war, und schwieg.

Zweiundvierzigste Nacht
Die Erschaffung der Welt

Zu krönen sein Werk schuf der Schöpfer die Sterne,
Helle Punkte im All für die Menschen der Welt.
Um zu leiten die Wandrer auch nachts durch die Ferne,
Leuchten alle sie gleich an des Himmels Zelt.

Der Dichter hielt sich selbst für genial – alle anderen fanden ihn unbeschreiblich. Auch Schahsaman war fassungslos, wer alles sich jedes Jahr an seinem Wettbewerb beteiligte. Als Schirmherr mußte er zwar einen freundlichen Kommentar zu jedem Vortrag abgeben – doch zu diesem fehlten ihm glatt die Worte.

Zum Glück fand sich Abdul, der Physiker und Hofastronom, bereit, für ihn in die Bresche zu springen – und wer wollte schon einen Wissenschaftler vom Reden abhalten?

„Der Dichter wirft in seinem interessanten Werk eine wichtige Frage auf: Waren die Sterne bei ihrer Erschaffung wirklich alle gleich?" fragte Abdul.

„Tatsächlich war das Universum unmittelbar nach dem Urknall eine ganz und gar homogene Feuerkugel, die in jedem Punkt identisch zusammengesetzt war.* Die einzelnen Partikel dieses Universums zogen einander durch die Schwerkraft an. Daher waren auch die Sterne, die aus der Zusammenballung dieser Partikel hervorgingen, zunächst alle einander ähnlich.

Daraus ergibt sich nun ein Problem, denn die heutigen Himmelskörper sind voneinander sehr verschieden: Es gibt große und kleine, alte und kalte ebenso wie junge und heiße."

---

* Natürlich möchte jeder wissen, was mit dem Universum vor dem Urknall los war. Wir werden es nie erfahren, aber die Frage bleibt bestehen. Für den Physiker Stephen Hawking ähnelt das Problem dem eines Menschen, der am Nordpol steht und sich fragt, wo Norden ist.

Schahsaman war ganz angetan von dieser unverhofften Wendung.

„Erzählt uns mehr von dem Anfang der Welt", forderte er den Astronomen auf.

„Nun, am Anfang stand der Urknall oder Big Bang", erklärte Abdul weiter. „Das Universum war eine kleine, unvorstellbar heiße Kugel, die sich sehr rasch ausdehnte und dabei abkühlte. Bald bildete sich die Materie und das Licht, und die Materieteilchen fanden sich, angezogen durch die Schwerkraft, zu Atomen und Molekülen zusammen.

Hier stoßen wir bereits auf ein Problem: Warum taten sich bestimmte Atome zusammen und andere nicht? Ein Atom, das sich in jeweils gleicher Entfernung von zwei anderen Atomen befindet, weiß nicht, wo es hingehen soll – genauso wie ein Esel, der gleich weit von einem Wassertrog und einem Haufen Heu entfernt ist. Etwas anderes ist es, wenn diese Position instabil ist. Bei der kleinsten Bewegung nähert sich der Esel dem Heu oder dem Wassereimer und ist dann nicht mehr gleich weit von beiden entfernt. Dann wendet er sich eben dem einen oder dem andern zu, je nachdem wem er näher steht. Bei den Atomen verhält es sich genauso. Das Atom in der Mitte verändert seine Position minimal und wird dann von dem näheren der beiden anderen Atome stärker angezogen als von dem etwas weiter entfernten und bewegt sich auf das nähere zu. Die Zusammenballung wird also durch die Instabilität der gesamten Situation verursacht. Und so entstanden zunächst kleinste und kleine Zusammenballungen, die immer größer wurden und schließlich die Größe von Sternen erreichten!"

„Und das alles nur dank dieser kleinen Kraft, die die Anfangsbewegung des Esels bzw. der mittleren Atome bewirkte", staunte Schahsaman.

„Der Odem der Schöpfung war also nur ein linder Hauch ...", meinte der Dichter verzückt.

„Oder ganz einfach eine Auswirkung der Unschärferelation auf Quantenebene, wenn man rein physikalisch argumentieren möchte. Man käme dann auch ganz ohne eine höhere Macht aus", stellte Abdul befriedigt fest.

Diese Erklärung erschien recht plausibel, ja sogar überzeugend. Zu Beginn des Universums entstanden also bereits kleine, leicht unter-

schiedliche Materiehaufen, die sich auch in der Folge unterschiedlich weiterentwickelten.

Leider war der neue Raum-Zeit-Teppich von Yatagan gerade in der Werkstatt, und so konnte sich die Gesellschaft diesmal nicht mit eigenen Augen von der Richtigkeit dieser Theorie überzeugen.

„Licht von den Rändern des Universums ist bereits so lange zu uns unterwegs, daß es uns noch Informationen über die Zeit unmittelbar nach dem Urknall liefern kann", erklärte *Scheherezade* weiter. *„In den allerersten Augenblicken war jedoch das Licht noch nicht entstanden, und so werden uns diese Momente auf immer unzugänglich bleiben. Das Problem der Herausbildung heterogener Materie zu Beginn des Universums gehört nach wie vor zu den großen Rätseln der modernen Physik."*

In diesem Augenblick erkannte Scheherezade, daß der Morgen gekommen war, und schwieg.

Dreiundvierzigste Nacht
Unfall am Pol

Alle waren gekommen. Der internationale Salon des fliegenden Teppichs in Samarkand zeigte die neuesten, schönsten, komfortabelsten und schnellsten Modelle der Saison. Schahsaman hatte beschlossen, für seine nächste Pilgerfahrt nach Mekka den schnellsten Teppich zu kaufen, der angeboten wurde. Und deshalb sollte zuerst ein Wettrennen stattfinden, dessen Sieger neben einer Prämie einen neuartigen Pokal, eine Art runde Vase mit langgezogenem Hals, erhalten sollte.

Yatagan und sein Rivale El-Mamôn, beide bekannte Formel-1-Flieger, beteiligten sich an dem Rennen um 100.000 Dinar Preisgeld.

Die außerordentliche Leistungsfähigkeit der beiden Teppiche machte es erforderlich, daß eine sehr große Strecke geflogen werden mußte, und der Großwesir hatte als Cheforganisator beschlossen, daß die Teilnehmer einmal die Erde umrunden sollten. Start sollte am Äquator sein, dann waren beide Pole zu überqueren, und schließlich sollte das Rennen in Samarkand enden.

Während die beiden Teppiche sich zum Startpunkt des Rennens aufmachten, erklärte der Großwesir den anwesenden Journalisten die Einzelheiten. Beide Teppiche würden in 500 Meter Entfernung nebeneinander im rechten Winkel zum Äquator nach Norden starten. Die Flughöhe über dem Boden sollte immer die gleiche bleiben, nämlich die des höchsten Minaretts in Samarkand, und am wichtigsten: Die Flugrichtung durfte nicht geändert werden – es ging immer geradeaus.

Die beiden Fluggeräte nahmen ihre Startposition ein. Auf das Startzeichen hin zischten sie los wie zwei Pfeile und hinterließen am Himmel zwei langgezogene, absolut parallele Streifen.

Die Zeit verging, und langsam wurden die Veranstalter in Samarkand ungeduldig. Das Rennen hätte längst zu Ende sein sollen, aber keiner der beiden Teppiche war wieder aufgetaucht.

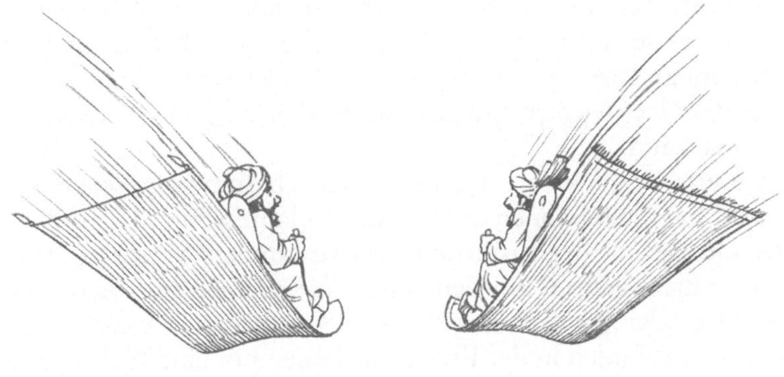

Schließlich traf eine Gruppe von Journalisten ein, die berichteten, was geschehen war.

Die beiden Rennfahrer waren gut vorangekommen, beide mit der gleichen Geschwindigkeit, und beide hatten den Steuerknüppel fest auf „geradeaus" eingestellt. Dennoch passierte etwas völlig Unerwartetes: Am Nordpol waren sie geradewegs miteinander zusammengestoßen! Beide Teppiche waren schwer beschädigt. Die Piloten waren glücklicherweise unverletzt, doch sie stritten sich heftig, und einer machte dem anderen Vorwürfe, er habe den Kurs manipuliert.

Ein Abschleppteppich brachte die beiden zu guter Letzt zurück nach Samarkand.

„So etwas Verrücktes", wunderte sich Schahsaman, „wie können denn zwei parallele Bahnen aufeinander zulaufen"?

„Das hängt mit der Erdkrümmung zusammen", erklärte Abdul, der vorher nicht gefragt worden war. „Auf einer Kugel wie der Erde sind alle Geraden große Kreise. Diese Kreise haben sämtliche Eigenschaften von Geraden in der Ebene: Sie haben nur eine Richtung und verbinden zwei Punkte auf dem kürzesten Weg miteinander. Weil bei diesem Rennen die beiden Teilnehmer im rechten Winkel zum Äquator gestartet waren, mußten sich ihre parallelen Flugrouten zwangsläufig am Nordpol schneiden."

„Das verstehe ich nicht", rief Zephyra. „Mein Geometrielehrer hat mir erklärt, daß man durch einen Punkt außerhalb einer Geraden nur eine einzige zu dieser Geraden parallele Gerade legen kann."

„In einer Ebene ist das auch richtig", bestätigte Abdul. „Nicht jedoch auf einer Kugeloberfläche, denn dort kommt ja noch die Krümmung hinzu. Auf einer Kugeloberfläche kann man nämlich durch einen Punkt außerhalb einer Geraden überhaupt keine parallele Gerade ziehen."

„Hundert Stockschläge für diese Organisatoren, die keine Ahnung von der Geometrie der Kugeloberflächen haben", befahl Schahsaman.

Der Großwesir bat um Gnade, die der König dann auch rasch gewährte – aber unter der Bedingung, daß zukünftig ein Geometer ihrer Kommission angehören sollte. Albahassan, der Geometriespezialist, erklärte ihnen noch einmal diese Sache mit den Parallelen.

„Es gibt auch gekrümmte Oberflächen, die man hyperbolisch nennt, auf denen sich Parallelen nicht schneiden müssen", wußte er.

„Perfekt!" rief der Großwesir. „Wie sähe denn eine solche Oberfläche aus?"

„Man könnte zum Beispiel einen Hyperboloiden nehmen", antwortete der Geometer. „Etwa die Oberfläche des Pokals, den der Gewinner des Rennens erhalten sollte. Dort kann man nämlich durch einen Punkt außerhalb einer Geraden unendlich viele parallele Geraden legen.“

„Das sind dann aber komische Geraden“, meinte Zephyra, „die sind ja alle ganz krumm“.

„Ganz richtig, denn auf einer gekrümmten Oberfläche sind Geraden eben Kurven, die ‘immer die gleiche Richtung einhalten’. Oder, anders ausgedrückt, Linien, die zwei Punkte der Oberfläche auf dem kürzesten Weg miteinander verbinden. Man nennt sie auch geodätische Linien.“

„Jetzt verstehe ich“, rief Schahsaman. „Die kürzeste Verbindung zwischen zwei Punkten auf einer Kugeloberfläche besteht aus dem Segment, das durch die beiden Punkte geht. Die ‘großen Kreise’ sind also die Geraden der Kugeloberflächen.“

„Genau. Und die Sphärengeometrie hat noch weitere wunderbare Überraschungen zu bieten. So beträgt etwa die Summe der Winkel eines Dreiecks mehr als 180°.“

„Das ist doch klar“, meldete sich Abdul zu Wort, der sich ärgerte, daß nicht er in das Organisationskomitee berufen worden war. „Schon bei dem Dreieck, das durch die Flugbahnen unserer beiden Rennfahrer gebildet wird, betragen die beiden Winkel am Äquator ja bereits jeweils 90°, also insgesamt 180°, und dazu kommt noch der Winkel am Nordpol, wo sie zusammengeprallt sind.“

„Die Summe der Winkel eines Dreiecks auf einer Kugeloberfläche kann bis zu 360° betragen“, ergänzte Albahassan. „Dagegen ist die Summe der Winkel eines Dreiecks auf einer hyperbolischen Oberfläche immer kleiner als 180°.“

Die Organisatoren bereiteten unterdessen schon das nächste Rennen vor. Sicherheitshalber überlegten sie sich diesmal vorher, auf welcher Art von Oberfläche das Rennen nun stattfinden sollte. Doch wie sollten sie herausfinden, ob ihre Oberfläche nun kugelförmig oder hyperbolisch war?

„Ihr braucht einfach nur die Summe der Winkel eines Dreiecks zu berechnen, das durch Lichtstrahlen gebildet wird, von denen wir ja wissen, daß sie gerade verlaufen“, erklärte Albahassan. „Wenn dabei mehr als 180° herauskommen, dann ist eure Oberfläche kugelförmig, wenn es weniger sind, dann ist sie hyperbolisch.“

Er wollte noch zu weiteren Erklärungen ausholen, als er Yatagan mit gezücktem Säbel auf sich zukommen sah. Und alle Mitglieder des Komitees zogen es vor, sich auf so direkten Wegen wie irgend möglich zu entfernen.

„Die Geometrie nicht ebener Flächen wurde zu Beginn des 18. Jahrhunderts von drei Mathematikern erarbeitet, dem Deutschen Carl Friedrich Gauß, dem Ungarn Farkas Bolyai und dem Russen Nikolaj Iwanowitsch Lobatschewskij", erzählte Scheherezade mit leuchtenden Augen. „Damit wurde endgültig gezeigt, daß der fünfte Lehrsatz von Euklid, nach dem man durch einen Punkt außerhalb einer Geraden nur eine einzige parallele Gerade legen kann, nicht allgemeingültig ist – er gilt nämlich nur in sogenannten ‘euklidschen Räumen’. Die allgemeine Relativitätstheorie hat sogar gezeigt, daß Massen in der Lage sind, den Raum zu krümmen, und daß die geodätischen Linien, denen das Licht folgt, damit ebenfalls gekrümmte Kurven und keine Geraden sind ...
Auf einer Kugeloberfläche kann man durch einen Punkt außerhalb einer Geraden keine einzige parallele Gerade legen, auf einer hyperbolischen Oberfläche dagegen unendlich viele. Dieser Fall birgt jedoch ein Problem: Alle diese parallelen Geraden schneiden sich ihrerseits wieder in einem Punkt, sind also nicht untereinander parallel. Die Mathematiker haben natürlich auch dafür einen Begriff geschaffen und sagen, das Verhältnis der Geraden zueinander ist nicht transitiv. "

In diesem Augenblick erkannte Scheherezade, daß der Morgen gekommen war, und schwieg.

Vierundvierzigste Nacht
Der kleine Maxwell

„Majestät, es ist alles bereitet." König Schahsaman und sein Hofstaat
wollten im Garten picknicken. Alle hatten sich bequem eingerichtet,
sogar der Dschinn Iblis war dabei und hatte seinen Cousin, den kleinen Maxwell, mitgebracht. Auf dem Grill brutzelten leckere Braten,
und der köstliche Wein kühlte in Bottichen, die man mit eigens aus
dem fernen Gebirge hertransportiertem Eis gefüllt hatte.

Nachdenklich schaute der stets auf Sparsamkeit bedachte Großwesir in die Glut.

„Eigentlich ist es doch eine Verschwendung, daß man einerseits
durch das Feuer dem Fleisch Wärme zuführt und andererseits durch
das Eis dem Wein Wärme entzieht. Es wäre doch viel praktischer, die
Wärme des Weines direkt zum Fleisch zu leiten."

„Eine hervorragende Idee", meinte Schahsaman. „Man bräuchte
eine Art Wärmerohr."

Abdul, der Physiker, saß neben den beiden und hatte interessiert
zugehört.

„Das wäre tatsächlich eine feine Sache, aber leider ist das unmöglich. Ein Physiker namens Rudolf Clausius hat sich bereits mit der
Frage beschäftigt, aber kaum jemand hat seine Arbeiten verstanden.
Ich möchte trotzdem einmal versuchen, seine Argumentation zu erklären."

„Aber bitte ganz einfach", bat Zephyra. „Nicht mit soviel Formel-
kram!"

„Aber gewiß. Ich werde einen sehr, sehr bildhaften Vergleich ver-
wenden. Stellt euch einmal einen großen Behälter vor, der durch eine
Trennwand in zwei Hälften aufgeteilt ist. In der einen Hälfte ist es
sehr heiß, wie in der Hölle, in der anderen Hälfte dagegen angenehm
frisch, wie im Paradies. Die beiden Hälften sind mit einer kleinen
Klappe miteinander verbunden. – Übrigens, was ist das eigentlich, die
Temperatur?" fragte er in die Menge.

Dies war zum Glück nur eine rhetorische Frage, denn niemand hätte so recht darauf antworten können, und deshalb fuhr er fort:

„Die Temperatur, das ist nichts anderes als die Geschwindigkeit der kleinsten Bestandteile der Materie, der Atome. Manche Atome bewegen sich langsam, andere schnell. In der heißen Hälfte des Behälters gibt es mehr Atome, die sich schnell bewegen, als in der kühlen Hälfte. Je höher die Temperatur ist, desto schneller bewegen sich die Teilchen."

„Dann bräuchte man doch nur aus der 'Hölle' die langsamen Atome zu entfernen und sie ins 'Paradies' zu bringen und die schnellen aus dem Paradies in die Hölle", rief Zephyra. „Und schwupps, hätte man das Paradies gekühlt und die Hölle weiter angeheizt."

„Man bräuchte dafür eigentlich ja nur jemanden, der an der Klappe zwischen den beiden Hälften sitzt. Wenn ein schnelles Atom aus dem Paradies an der Klappe ankommt, könnte man es durchlassen in die Hölle – und ebenso ein langsames Atom, das aus der Hölle kommt."

„Braucht man dann überhaupt unbedingt jemanden, der die Klappe bewegt?" wollte Schahsaman wissen. „Könnte es nicht einfach durch puren Zufall passieren, daß alle langsamen Atome ins Paradies wandern?"

„Das wäre extrem unwahrscheinich", meinte Abdul. „Das wäre so, als würde man milliardenmal Kopf oder Zahl spielen, und jedesmal würde nur Kopf fallen."

„Nun gut. Aber eine solche Arbeit kann nun wirklich kein Mensch übernehmen. Man bräuchte einen Dschinn dazu. Warum nicht dieser kleine Dämon Maxwell; er scheint doch ziemlich geschickt zu sein?"

„Selbst ein Dämon würde eine solche Aufgabe nicht lange durchhalten", erklärte der Physiker. „Um so oft und so schnell hintereinander die Klappe zu öffnen und zu schließen, müßte er enorm viel Energie aufwenden und dabei auch Wärme erzeugen, die sich auf die Klappe übertragen würde. Durch diese Temperaturschwankungen würde sie sich ständig zum falschen Zeitpunkt öffnen und schließen, und die Moleküle könnten praktisch beliebig von einem Teil zum anderen wandern. Das würde bedeuten, daß sich über kurz oder lang die Temperaturen in den beiden Teilen des Behälters angeglichen hätten."

„Ein Dämon ist also auch nur ein Mensch …“, meinte Zephyra zum Abschluß und nahm sich noch ein Stück Braten, und auch die anderen kehrten nun wieder zu den leiblichen Genüssen ihres Picknicks zurück.

„Der französische Physiker Sadi Carnot (1796-1832) war ein herausragendes Genie: Er sprach bereits von der Unmöglichkeit, Wärme von einem kälteren zu einem wärmeren Körper übergehen zu lassen, ohne ein einziges Detail der modernen Physik zu kennen“, meinte Scheherezade. „Der ‚Dämon‘ war ursprünglich (1871) eine Erfindung des englischen Physikers James Maxwell, um auf eine anscheinend bestehende Möglichkeit der Verletzung des zweiten Hauptsatzes der Thermodynamik aufmerksam zu machen. Erst viel später konnte durch die Einbeziehung der Entropieänderungen bei den ständig nötigen Meß- und Datenspeichervorgängen in die Entropiebilanz gezeigt werden, daß der ‚Dämon‘ den zweiten Hauptsatz nicht wirklich verletzt.

Noch heute benutzt man diese Analogie, wenn man beweisen will, daß ein bestimmter Sachverhalt physikalisch unmöglich ist. Man versucht dann zu beweisen, daß man zu seiner Realisierung einen 'Maxwellschen Dämon' bräuchte (den es nicht geben kann)."

In diesem Augenblick erkannte Scheherezade, daß der Morgen gekommen war, und schwieg.

Fünfundvierzigste Nacht
Heilendes Gift

Adjib kam sich völlig unfähig und verloren vor. Seitdem seine Frau Irwana wieder ein Kind erwartete, war sie launischer als je zuvor. Selbst ihr Vater, der König Schahsaman, schaffte es kaum, alle ihre Wünsche zu erfüllen.

„Ich brauche frische Luft, aber bitte bloß keinen Durchzug", verlangte sie, „ein paar Süßigkeiten, aber solche, die nicht dick machen, und außerdem diesen schönen Ring mit Korallenbesatz, den du mir bei unserem letzten Besuch in Persien nicht gekauft hast …"

Schahsaman runzelte seine dicken Augenbrauen, und der Wunsch war für Adjib Befehl. Rasch setzte er seinen Turban auf, sattelte sein Pferd und war auch schon in einer Staubwolke davongeritten. Endlich konnte er sich wieder einmal nützlich machen!

Im Perserreich gab es viele hervorragende Ärzte und Juweliere. Oft übte jemand die beiden Berufe zugleich aus. Der angesehenste von ihnen, Bel-Heureux, stand am Eingang seines Ladens und erkannte Adjib schon von weitem. Er begrüßte ihn herzlich.

„Wahrscheinlich kommt ihr wegen des Ringes. Er ist immer noch da – ich hätte ihn auch an niemand anderen verkauft."

Sie betraten den Laden, der außer Schmuckstücken noch voller geheimnisvoller Gefäße war: Tiegel und Amphoren, Phiolen und Pokale sowie Glasflaschen in vielen Farben und mit fantasievoll verzierten Beschriftungen. Bel-Heureux bereitete Salben, Cremes und Medikamente nach jahrhundertealten Rezepturen, und er hatte ein passendes Mittelchen gegen alle Übel der Welt.*

„Wie geht es übrigens eurer Frau?", fragte er. „Ist sie immer noch so nervös? Ich hätte hier ein wirksames Mittel für sie …" Er griff zu

---

* Zu manchen Mitteln fehlte sogar noch die passende Krankheit.

einer Flasche, die mit einem Totenkopf gekennzeichnet war. Adjib erschrak, als er das Etikett sah.

„Aber lieber Mann, ich liebe meine Frau *wirklich*!"

Bel-Heureux schmunzelte weise.

„Nur keine Angst. Ein jedes Ding ist Gift, allein die Dosis macht's. Wenn eine Substanz eine Wirkung zeigt, heißt das, daß die Organe des Körpers darauf reagieren."

„Und warum reagieren sie?" fragte Adjib verwirrt.

„Nun, weil die Funktion der Organe durch bestimmte Botenstoffe gesteuert wird, die wir Moleküle nennen. Pflanzliche Arzneistoffe sind gewissen Molekülen des Körpers ähnlich. Bei manchen Krankheiten produziert der Körper nicht genug von diesen Stoffen, und man kann sie teilweise durch pflanzliche Stoffe ersetzen. In hoher Dosis wirken viele dieser Stoffe giftig, aber wir verdünnen sie stark; dadurch werden sie dann zu einer Medizin."

„Und wogegen wirkt diese Medizin?" fragte Adjib.

„Gegen den Schmerz. Die darin enthaltenen Moleküle wirken auf die Teile des Gehirns, die die Schmerzempfindung verursachen. Es hilft auch sehr gut gegen Nervosität. Wir gewinnen es aus Mohn."

Der Juwelier füllte etwas von der Flüssigkeit in eine kleine, kristallene Phiole, die er in einem sorgfältig ausgepolsterten Holzkästchen verschloß. Dieses übergab er Adjib und wünschte ihm für seine Heimreise alles Gute.

Die Heimreise ging fast noch schneller als der Hinweg vonstatten, und Adjib konnte es kaum erwarten, wieder zu Hause zu sein.

Bereits auf der Schwelle des Palastes wurde er von seinem Schwiegervater begrüßt.

„Herzlichen Glückwunsch, Adjib! Du bist wieder Vater geworden."

„Und? Ein Junge?" fragte Adjib aufgeregt.

„Nein", schmunzelte der König, „drei!"

Adjib war wie vom Schlag getroffen, doch dann öffnete er seine Tasche, suchte das Kästchen mit der Phiole und nahm erst einmal einen guten Schluck der Medizin. Worauf er leicht beschwingt, doch völlig ruhig seine Frau und seine neuen Kinder begrüßen konnte.

„Wie viele Menschenleben mag es gekostet haben, bevor man die Giftigkeit von bestimmten Pflanzen erkannt hatte", fragte sich Scheherezade. „Die gemachten Erfahrungen wurden dann von Zauberern, Schamanen und weisen Frauen über die Generationen weitergegeben. Die Erkenntnis, daß diese Pflanzenwirkungen nicht auf Magie, sondern auf der Wirkung bestimmter Inhaltsstoffe beruhen, stellte einen riesigen Fortschritt für die Medizin dar. Eine recht junge Erkenntnis ist es, daß im Körper Substanzen vorkommen, die Arzneiwirkstoffen chemisch ähnlich sind. So wurden in den 1960er Jahren die Endorphine entdeckt: Wenn Morphine eine Wirkung haben, so schloß man, dann muß es im Gehirn Rezeptoren geben, die eigentlich für körpereigene, morphinähnliche Stoffe vorgesehen sind. Solche Stoffe wurden dann auch tatsächlich gefunden und 'Endorphine', also 'endogene Morphine', genannt."

In diesem Augenblick erkannte Scheherezade, daß der Morgen gekommen war, und schwieg.

Sechsundvierzigste Nacht
Die unverheiratete Tochter

König Soliman wollte Myriam, seine einzige Tochter, verheiraten. Obwohl sie von der Natur mit zahlreichen äußeren Reizen bedacht war, hatten sich doch ihr schwieriger Charakter und ihre überdrehten Launen so weit herumgesprochen, daß sich weit und breit kein Mann fand, der um ihre Hand anhalten wollte. Und das trotz des gewaltigen Reichtums des Königs. Soliman beklagte sich darüber bei seinem Kollegen Schahsaman.

„Ihr könntet doch Eurem zukünftigen Schwiegersohn eine Belohnung versprechen, zum Beispiel einen Geldbetrag“, schlug Schahsaman vor.

„Das habe ich auch schon versucht“, seufzte Soliman. „Aber diese Halunken nehmen zuerst mal das Geld, und wenn es dann ernst wird, sind sie plötzlich verschwunden.“

Der Dschinn Iblis war schon ganz ungeduldig, denn er hatte eine Idee:

„Ich hätte da einen Vorschlag“, meinte er. „Der Oberste aller Dschinns, Damvirat, hat mir einen Apparat ausgeliehen, mit dem man die Gedanken eines Menschen lesen kann. Mit diesem Gerät könntet Ihr feststellen, ob der Kandidat sein Versprechen halten und Eure Tochter heiraten will. Es irrt sich dabei auf keinen Fall.“

Schahsaman war ganz stolz auf seinen guten Geist.

„Wir könnten so vorgehen: Am Vorabend des möglichen Hochzeitstages wird das Gerät ermitteln, ob der Kandidat es ernst meint mit seiner Bewerbung. Der Kandidat selbst erfährt das Ergebnis natürlich nicht. Ist es zufriedenstellend, erhält der Zukünftige am nächsten Morgen 1000 Dinar ausgezahlt – anderenfalls nicht.“

Die beiden Könige beglückwünschten sich zu ihrer scharfsinnigen Entscheidung, als sich Giaffar, der Logiker*, zu Wort meldete.

Schahsaman ahnte, was jetzt kommen würde. Schon allzu oft hatte Giaffar ihm das Spiel verdorben, und so war es auch diesmal.

„Majestäten, Euer Plan wird nicht funktionieren", erklärte Giaffar. „Versetzt Euch nur einmal in die Situation des Kandidaten kurz vor der Hochzeit."

„Kein Problem", versicherten beide Könige.

„Er wird sich fragen, welches Interesse er daran haben soll, Eure Tochter zu heiraten. Angenommen, die Maschine hat am Vorabend herausgefunden, daß er heiraten wollte, und die 1000 Dinar wurden ihm ausbezahlt. Dann braucht er ja jetzt eigentlich gar nicht mehr zu

---

* Logiker gelten manchmal als etwas schrullig:
„Haben Sie einen Jungen oder ein Mädchen?"
"Ja", antwortete der Logiker.
„Meine Tochter versteht nicht ein einziges Wort Deutsch."
„Und welches?"
Es soll sogar Logiker geben, die sich gelegentlich mit sich selbst uneins sind.

heiraten – er kann doch einfach seine Meinung ändern und das Geld behalten. Und wenn das Gerät festgestellt hat, daß er sowieso nicht wirklich heiraten wollte, dann wird er sich natürlich jetzt erst recht fragen, ob er sich auf die Sache einläßt."

„Und in beiden Fällen wird meine Tochter unverheiratet bleiben ...", stellte Soliman resigniert fest.

„Genau", bestätigte Giaffar. „Wenn die Maschine wirklich etwas taugt, dann wird sie diesen nur allzu logischen Gedankengang vorhersehen und herausfinden, daß keiner der Bewerber tatsächlich Eure Tochter heiraten will."

„Natürlich! Wer würde wohl auch etwas unternehmen, dem alle Gründe der Vernunft widersprechen ...", meinte der Dschinn mit einem Augenzwinkern. „Ach, wären doch alle Logiker!"

„In zahlreichen Situationen machen wir Versprechungen oder drohen. In diesen Momenten sind wir oft fest entschlossen", erklärte Scheherezade weiter. „Bloß: Wenn es dann soweit ist, unsere Ankündigungen in die Tat umzusetzen, stellen wir fest, daß wir uns damit selbst keinen Gefallen tun würden. Aber ist dann die Drohung mit einer bestimmten Reaktion, wie etwa bei der atomaren Abschreckung, überhaupt wirksam? Eigentlich nur dann, wenn ich mich durch nichts von meiner Einstellung abbringen lasse. Immerhin gibt es ja durchaus Menschen, die ihre Versprechen halten, auch wenn sie dadurch keinen Vorteil haben. Auch bei einer Drohung ist es für deren Wirksamkeit notwendig, daß man bereit ist, sie umzusetzen. So kann auch die atomare Abschreckung nur funktionieren, wenn beide Seiten bereit sind, auch zu ihrem eigenen Nachteil Atombomben einzusetzen. Dieses Dilemma wurde beispielhaft von Stanley Kubrick in seinem Film 'Dr. Seltsam oder wie ich lernte, die Bombe zu lieben' aufgegriffen. "

In diesem Augenblick erkannte Scheherezade, daß der Morgen gekommen war, und schwieg.

Siebenundvierzigste Nacht
Das Bevölkerungsgleichgewicht

Bei der diesjährigen landwirtschaftlichen Leistungsschau von Samarkand hätte König Schahsaman am liebsten alles aufgekauft. Er war begeistert von den prächtigen Tieren, die in den Palastgärten vorgeführt wurden, und insbesondere die Elefanten hatten es ihm angetan. Schließlich entschloß er sich, zwei junge Elefanten zu kaufen, um sie seiner Tochter Irwana zum Geburtstag zu schenken.

Diese freute sich sehr über das ungewöhnliche Geschenk und erkundigte sich gleich, ob denn auch mit viel Nachwuchs zu rechnen sei.

„Ein Elefantenweibchen bringt im Durchschnitt in 60 Jahren sechs Junge zur Welt, also etwa alle 10 Jahre eins", erklärte ihr der Elefantenführer.

„Das ist ja nicht gerade viel", meinte Irwana. „Dann werde ich bestimmt erst einmal zehn Jahre warten müssen. Elefanten vermehren sich wirklich sehr langsam."

„Deswegen sind sie ja auch so selten", antwortete der Mann, der den Preis noch gerne etwas in die Höhe treiben wollte.

„Moment mal!" mischte sich Ibn Musa ein. Der berühmte Mathematiker Ibn Musa Abdallah al-Kharazmi al Madjussi ul Qutrubili war gerade zu Gast am Hof.

„Es kann ja sein, daß Elefanten selten sind, aber wenn, dann nicht, weil sie sich langsam fortpflanzen …"

Der König und die übrigen Begleiter in seinem Gefolge reagierten verblüfft und forderten den Mathematiker zu weiteren Erklärungen auf.

„Wenn ein Elefantenpaar in 60 Jahren sechs Junge hat, dann könnte dieses Paar bereits nach 500 Jahren schon etwa 15 Millionen Nachkommen haben. Weil es aber schon viel länger als 500 Jahre Elefanten gibt, dürften sie also eigentlich auch in Eurem Reich nicht allzu selten sein, o König."

„Oh, diese Mathematiker", meinte der königliche Geologe, der sich gerne über die manchmal etwas weltfremden Äußerungen dieses Berufsstandes aufregte. „Wenn das so wäre, dann müßte es ja noch tausendmal mehr Mäuse und andere Tiere geben, die sich viel schneller vermehren als Elefanten."

„Genau", bestätigte Malthus, der Naturforscher. „Jede Art bringt mehr Nachkommen zur Welt, als überleben und sich fortpflanzen können. Durch Nahrungsmangel, Krankheiten oder Klimaschwankungen wird jede Population dezimiert."

„Aber meinen Elefanten wird es doch gut gehen, oder?" fragte der König besorgt.

„Ihr und Eure Nachkommen könnt dafür sorgen, daß es auch weiterhin noch Elefanten geben wird. In einer günstigen Umgebung vermehren sich die Tiere natürlich. Aber wenn es einmal zu viele Elefanten gibt, dann könnt Ihr sie nicht mehr füttern, oder Ihr müßtet selbst verhungern."

Zephyra fand, daß die Natur doch ganz schön grausam sei. Schahsaman machte sich Gedanken um die Menschenkinder.

„Bei den Menschen, so scheint es mir, überleben die meisten der Kinder."

„Richtig, Majestät. Seit die Menschen in der Jungsteinzeit den Ackerbau erfanden, hat sich die Weltbevölkerung von etwa einer Million auf mehrere Milliarden erhöht."

„Für die Menschen gilt also mein Gesetz", stellte Ibn Musa befriedigt fest.

„Aber auch nicht immer und auf ewig. Wenn die Menschen einmal eine ihrer lebensnotwendigen Ressourcen aufgebraucht oder zerstört haben, etwa die Atemluft, den Ozonschild in der Atmosphäre, Nahrung oder Wasser, dann wird sich auch die Zahl der Menschen verringern. Vielleicht werden die Menschen sogar aussterben, und andere Tiere werden ihren Platz einnehmen, vielleicht ein Insekt …"

„Ich frage mich nur, was dann einmal aus den Nachkommen unserer Elefanten werden wird. Wird es denn wenigstens immer Elefanten geben?" fragte Zephyra.

Es entstand ein betretenes Schweigen, denn niemand wollte sie verletzen. Schließlich fand Ibn Musa doch noch eine kluge Antwort.

„Ob eine Art unsterblich ist, kann niemand jemals vorhersagen. Schließlich müßte man eine unendlich lange Zeit abwarten, um sich davon zu überzeugen …"*

„Auf diese Art und Weise bevorzugt die Evolution das Leben als Ganzes gegenüber einer einzelnen Art und die Art gegenüber dem Individuum", erklärte Scheherezade weiter. „Damit erscheinen auch die Begriffe Glück und Unglück, die ja immer einzelne Individuen betreffen, in einem ganz anderen Licht. Für das Weiterbestehen einer Art und des Lebens überhaupt ist es unverzichtbar, daß das einzelne Individuum vergeht und stirbt. Es ist daher ei-

---

* Pharmakologen kennen ein ähnliches Problem: Um nachzuweisen, daß ein Medikament bestimmte Nebenwirkungen mit Sicherheit nicht aufweist, müßte man es unendlich lange verabreichen.

gentlich unlogisch, daß die Menschen den Tod als etwas Negatives sehen, denn ohne den Tod von Individuen hätte die Evolution der höheren Lebewesen gar nicht stattfinden können, und die Menschen gäbe es gar nicht. "

In diesem Augenblick erkannte Scheherezade, daß der Morgen gekommen war, und schwieg.

Achtundvierzigste Nacht
Die Blüte des Bambus

Im Palast gab es eine Sensation zu vermelden: Der Bambus blühte! Irwana war es bei ihrem Morgenspaziergang im Palastgarten aufgefallen. Die Nachricht verbreitete sich in Windeseile, und im Nu sah man überall im Park Dichter, die ihre Oden auf die seltenen Blüten reimten, und Maler von Stilleben, die das ganz besondere Motiv für die Nachwelt festhielten.

„Was für ein Glück, daß ich das noch erleben darf!" rief Schahsaman.

„Allerdings, denn dieses Ereignis ist wirklich ganz und gar außergewöhnlich", meinte Bur-Nadel, der Botaniker. „Bambuspflanzen werden über 80 Jahre alt, dann blühen sie ein einziges Mal, verstreuen ihre Samen über den Boden, der damit wie von einem dichten Teppich bedeckt wird, und sterben dann ab."

„Merkwürdig, daß sie so lange warten, um sich fortzupflanzen", staunte Irwana.

„Das ist wirklich vollkommen unverständlich", pflichtete ihr der König bei. „Die Bambuspflanzen hätten doch viel mehr Nachkommen, wenn sie jedes Jahr blühten und Samen hervorbringen würden, wie das zum Beispiel beim Löwenzahn der Fall ist."

„Nun ja", meinte schließlich der Botaniker, „wenn sich der Bambus so entwickelt hat, dann wird er dabei sicher einen Evolutionsvorteil gehabt haben".

Er überlegte eine Weile.

„Was steht denn wohl der Vermehrung der Bambuspflanzen entgegen? Da wären sicher die Vögel zu nennen, die die Samen picken und auffressen. Es müssen also so viele Samen produziert werden, daß die Vögel sie nicht alle wegfressen."

„Ach so, und wenn der Bambus öfter blühen würde, dann würden diese Samenräuber ihre Brutperiode daran anpassen und so dafür sorgen, daß ihre Jungen immer reichlich mit Bambussamen versorgt wären. Aber so übersteigt die Zeit zwischen zwei Blühperioden die Lebenserwartung eines Vogels bei weitem", überlegte Irwana.

„Dann müssen die Bambuspflanzen ja sehr gut im Rechnen sein – immerhin können sie bis über 80 zählen!"

„Es gibt übrigens auch mathematisch begabte Tiere", wußte Bur-Nadel. „Zum Beispiel eine Zikadenart, deren Larven 17 Jahre im Boden leben und dann nur zur Oberfläche kommen, um sich fortzupflanzen und zu sterben. Eine andere Art verbringt so 13 Jahre unter der Erde."

Schahsaman nahm sich vor, unbedingt einige dieser Tiere für seinen mathematischen Zoo zu besorgen. Bisher hatte er bereits ein fünffüßiges Schaf, ein Kalb mit zwei Köpfen und einen einbeinigen Tausendfüßler erworben.

Dschinn Iblis erklärte, was es mit den Zahlen 13 und 17 auf sich hatte.

„Sind die 13 und die 17 magische Zahlen? Etwas Besonderes sind sie auf jeden Fall, denn sie sind Primzahlen, also Zahlen, die sich außer durch 1 und sich selbst nicht ganzzahlig durch eine andere Zahl teilen lassen."

„Und wie schaffen es die Primzahlen, mit Samenräubern fertigzuwerden?" wollte Irwana wissen.

„Die Zahlen an sich sind natürlich unschuldig, aber sie erschweren es anderen Tieren, ihren Lebenszyklus mit dem Schlüpfen jener Zikadenarten zu synchronisieren", erklärte Iblis. „Stellen wir uns einmal einen Insektenfresser vor, der einen kurzen Vermehrungszyklus von zwei oder drei Jahren hat. Wenn eine Räubergeneration einmal mit Zikaden großgezogen wurde, dann wird so schnell keine der nachfolgenden Generationen mehr in den Genuß dieses Überflusses kommen. Die Insektenfresser, die sich alle zwei Jahre vermehren, das heißt nach 2, 4, 6, 8, 10, 12, 14, 16 und 18 Jahren, werden ebenso wie diejenigen, die sich alle drei Jahre vermehren, also nach 3, 6, 9, 12, 15 und 18 Jahren, allesamt das Schlüpfen der nächsten Zikadengeneration verpassen. Und daher ist ein Primzahlenrhythmus für die Zikaden vorteilhaft.

Natürlich wäre es allzu sehr mit menschlichen Maßstäben gemessen, wenn man sagte, die Insekten seien gute Rechner. Die Wirklichkeit ist viel einfacher: Wenn es sich durch eine zufällige Mutation der

Erbanlagen einmal ergeben hat, daß die Insekten nach einer Anzahl von Jahren schlüpfen, die einer Primzahl entspricht, dann können diese sich im Vergleich zu anderen Insekten erfolgreicher vermehren und diesen Evolutionsvorteil weitergeben."

„Tatsächlich müßte eine Insektenfresserart, die sich nur alle fünf Jahre vermehrt, 5 × 13, also ganze 65, Jahre auf das nächste Zusammentreffen mit dem Schlüpfen der 13jährigen Zikaden warten", rechnete Scheherezade vor. „Und das dürfte selbst der Evolution zu lange dauern. Dieses Beispiel erscheint auch mir spannender zu sein als die klassische und die pythagoreische Numerologie, die bestimmten Zahlen auch außerhalb jeden Zusammenhangs magische Eigenschaften zuschrieben. In unserer Geschichte

besteht die ganz konkrete 'magische Wirkung' dieser Zahlen in der Verbesserung der Reproduktionsbedingungen."

In diesem Augenblick erkannte Scheherezade, daß der Morgen gekommen war, und schwieg.

Neunundvierzigste Nacht
Das Geheimnis der Noten

„Wie kann ich bloß herausfinden, ob ich dazugehöre?" Zephyra war ganz aufgeregt. Der Schah von Izmir, der leuchtenden Stadt, veranstaltete jedes Jahr einen Tanz- und Musikwettbewerb für die Schüler von Samarkand, und Zephyra hatte diesmal daran teilgenommen.

Ihre Eltern, insbesondere aber ihr Großvater, der König Schahsaman, waren stolz und tief beeindruckt von Zephyras Darbietung, doch jetzt ging es darum, wer in die Endrunde vorrücken durfte. Die Bedingung dafür war, daß die Wertung der Vorrunde über dem Durchschnitt aller vergebenen Wertungen lag. Zephyra hatte 16 von 20 Punkten erhalten, doch das mußte sie wie alle Teilnehmer für sich behalten, denn es war bei Strafe der Disqualifikation verboten, die eigene Wertung anderen mitzuteilen. Der Schah brauchte aber immer eine ganze Woche, um den Durchschnitt auszurechnen, und so war Zephyras Ungeduld nur allzu verständlich.

Sie fragte den Dschinn Iblis um Rat, der sie auch diesmal nicht enttäuschte. Er forderte Zephyra und die anderen Teilnehmerinnen des Tanzwettbewerbs auf, sich in einem Kreis um ihn herum zu versammeln.

„Eine von euch, zum Beispiel Zephyra, denkt sich zunächst eine Zahl zwischen 0 und 20 aus, ohne sie zu verraten. Diese Zahl addiert sie zu ihrem eigenen Ergebnis und flüstert das Resultat ihrer Nachbarin zu. Diese addiert ihre eigene Note zu der Zahl und gibt die Gesamtsumme wieder leise an ihre Nachbarin weiter. So geht es nun reihum, bis Zephyra das Gesamtresultat erfährt. Nun zieht sie die Zahl, die sie sich am Anfang ausgedacht hatte, von der Gesamtsumme ab, und das Endergebnis wird duch die Anzahl der Teilnehmerinnen geteilt. Das Ergebnis ist dann der Durchschnittswert, den ihr ja alle wissen wollt."

Nach einigen Diskussionen wurde so verfahren, und Zephyra war glücklich über das Ergebnis: Der Durchschnitt betrug 14,8 – sie würde also in die Endrunde kommen.

„Kann man wirklich sicher sein, daß dabei nicht geschummelt wird?" fragte Schahsaman besorgt. „Wie wir alle wissen, ist es verboten, die eigene Wertung zu verraten. Zephyra könnte nun aber der zweiten Kandidatin die Zahl verraten, die sie sich zu Anfang ausgedacht hatte, was ja eigentlich nicht verboten ist. Ihre Freundin könnte sich dann aber einfach Zephyras Note ausrechnen!"

„Nun ja", räumte Iblis ein, „diese Methode ist nicht sehr resistent gegen Manipulationsversuche. Es gibt andere Methoden, bei denen mindestens zwei Schummler notwendig wären, damit ein Ergebnis bekannt würde. Ich kenne sogar eine, die absolut sicher ist, außer im Extremfall, wenn nämlich alle ihre Noten verraten."

„Darauf wäre ich jetzt aber gespannt", meinte Irwana. „Ich sterbe fast vor Neugier."

„Also gut", meinte der Dschinn. „Angenommen, wir haben 10 Kandidatinnen. Nun zerlegt jede von ihnen ihre eigene Note in eine Summe von 10 Zahlen. Bei einer Note von 16 Punkten also etwa in die Summe $5 + 4 + 3 + 3 + 1 + 0 + 0 + 0 + 0 + 0$ oder $4 + 4 + 2 + 2 + 1 + 1 + 1 + 1 + 0 + 0$. Nun behält Zephyra die erste Zahl für sich, teilt die zweite Zahl ihrer Nachbarin mit, die dritte der Dritten in der Runde und so weiter. Anschließend verfahren alle anderen genauso. Jede hat dann 10 Zahlen, deren Summe sie laut sagen dürfen und wiederum zusammenzählen. Das Gesamtergebnis wird dann durch 10, die Anzahl der Teilnehmerinnen, geteilt. Und das Endergebnis ist schließlich wieder die Durchschnittsnote.“

„Ein Schlüsselbegriff der modernen Zivilisation ist 'Kommunikation'“, schloß Scheherezade. „Mit diesem Begriff hat man sich bisher überwiegend in quantitativer Hinsicht befaßt, während Fragen der Qualität der Information bisher noch weniger untersucht wurden. Als der amerikanische Philosoph Henry D. Thoreau erfuhr, daß nunmehr Texas und Maine über Telegraph miteinander verbunden seien, soll er gefragt haben, was um alles in der Welt sich Maine und Texas denn überhaupt mitzuteilen hätten ...
Ein erhebliches Problem stellt oft die Vertraulichkeit von zu übermittelnden Informationen dar, und Untersuchungen über Verschlüsselungen haben einen eigenen Forschungszweig begründet, die Kryptographie. Regierungen sehen es für gewöhnlich nicht gerne, daß mittlerweile Verschlüsselungstechniken allgemein zugänglich sind, da sie ihren Geheimdiensten ein Monopol auf diesem Gebiet sichern wollen, doch werden sie dem Bedürfnis nach persönlicher Sicherheit des einzelnen langfristig kaum etwas entgegensetzen können.“

In diesem Augenblick erkannte Scheherezade, daß der Morgen gekommen war, und schwieg.

Fünfzigste Nacht
Das unendliche Hotel

In Samarkand lebte ein Hotelier namens Sabur, der war ungeheuer reich. Jeden ankommenden Reisenden begrüßte er mit großer Herzlichkeit und ausgesuchter Gastfreundschaft. Von keinem seiner Gäste nahm er Geld; vielmehr ließ er sich ihre Geschichten erzählen, und das reichte ihm.

Eines Tages kam ein erschöpfter, staubbedeckter Reisender an, dessen Kleidung eine ferne Herkunft verriet. Sein Name war Assim, und er verlangte ein Zimmer für eine Nacht.

„Ihr habt Glück", meinte Sabur, „ein Zimmer ist noch frei. Wenn jetzt noch Reisende kommen, kann ich sie nicht mehr beherbergen."

Assim lächelte.

„Also ich kenne da aber ein Hotel …"

Sabur wurde gleich neugierig, doch der Fremde wollte sich erst einmal ausruhen. Gegen Abend erschien der Gast wieder bei Sabur. Dieser lud ihn zum Abendessen ein, und dabei erzählte Assim seine Geschichte.

„Ich kenne ein Hotel im Reich der Mitte, das hat unendlich viele Zimmer. Alle sind gleich, bis auf die Anzahl der Lotusblätter auf der Tür, wodurch die Zimmernummer angegeben wird. Ich schlief in Zimmer Nummer 314."

„Gibt es ein Zimmer, dessen Nummer gleich den Dezimalen von π ist?" wollte der Gastgeber wissen.

„Aber selbstverständlich", antwortete Assim. „Mit so vielen Dezimalen wie ihr wollt, denn in der unendlichen Menge von Zimmernummern kommen alle ganzen Zahlen vor."

Assim erzählte weiter, daß einige von den Dienern, die zum Reinigen der entfernteren Räume losgeschickt wurden, nicht wieder zurückgekehrt waren. Frühstück aufs Zimmer gab es daher auch nur bis zur Nummer 2.800.

„Verständlich", nickte der Wirt. „Das perfekte Hotel gibt es eben doch nicht."

„Aber immerhin – der Empfangsservice war tadellos, selbst wenn das Hotel eigentlich voll war!"

Sabur schaute ungläubig.

„Das passierte mir einmal selbst. Obwohl bereits das Schild 'Belegt' an der Tür hing, fand der Hotelier noch ein Zimmer für mich. Er gab mir die Nummer 1. Dafür verlegte er die anderen Gäste um eine Nummer weiter, der Gast in der 1 mußte in Nummer 2 ziehen, der Bewohner der 2 in die 3 und so weiter. Sämtliche Gäste mußten umziehen."

„Und ihr hattet das Zimmer, das am nächsten zum Empfang lag. Das nenne ich Service!" begeisterte sich Sabur.

„Das einzig Unpraktische an der Sache war, daß im Laufe der Nacht noch drei weitere Reisende eintrafen, und ich mußte ebenfalls noch dreimal umziehen. Aber das Hotel hatte noch mehr an Sonderservice zu bieten."

Sabur rätselte, was das wohl sein könne.

„Eines Tages kam eine riesige Reisegruppe an – mit unendlich vielen Personen. Und doch konnte der Hotelier sie alle unterbringen."

„Wie das?" staunte Sabur.

„Ganz einfach, indem er den Gast aus Nummer 1 in Zimmer Nummer 2 verlegte, den aus Nummer 2 in Nummer 4, Nummer 3 in Nummer 6 und so weiter. Dadurch wurden sämtliche Zimmer mit ungeraden Nummern frei – auch davon gab es ja unendlich viele –, in denen er die Neuankömmlinge ohne endlose Laufereien unterbringen konnte."

Der Gedanke an ein unendliches Hotel erschreckte Sabur: Unendliche Ausgaben, unendlich viele Geschichten zum Anhören, unendlich viel Arbeit. Er entschloß sich, nur der beste Inhaber eines endlichen Hotels sein zu wollen.

„Das erinnert mich an die paradoxe Geschichte von dem Buch *Geschichte ohne Ende*", dachte Sabur. „Dieses Buch enthält unendlich viele Seiten, wobei jede Seite halb so dick ist wie die vorhergehende. Das Buch hat daher eine endliche Dicke. Und was sieht man, wenn man das Buch umdreht? Nichts, denn eine letzte Seite hat es nicht …"*

---

* Ein Verleger dachte einmal daran, die letzte Seite seiner Bücher einzusparen, denn die lese ja sowieso keiner …

„*Der deutsche Mathematiker Georg Cantor (1845-1918) entdeckte weitere, ‚noch größere' Unendlichkeiten. Die Unendlichkeit des Hotels ist eine sogenannte ‚abzählbare' Unendlichkeit: Die Zimmer können durchnumeriert werden. Die Unendlichkeit der reellen Zahlen dagegen, etwa die Zahl der Punkte auf einer Strecke, ist nicht zählbar (Cantor nannte sie 'überabzählbar'), und die Unendlichkeit der reellen Zahlen ist 'größer' als die der 'abzählbaren Unendlichkeit'. Ein mathematisches Paradoxon stellt folgende Tatsache dar: Zu jedem beliebigen Punkt einer Strecke mit einer rationalen Abszisse (d.h. die Entfernung zu einem Ende ist durch einen Bruch darstellbar) existiert ein weiterer, beliebig naher Punkt mit ebenfalls rationaler Abszisse. Diese Punkte mit rationaler Abszisse scheinen die gesamte Gerade gleichsam 'aufzufüllen'. Dennoch sind sie stets seltener als die nicht rationalen Abszissen auf dem gleichen Segment (wie zum Beispiel $\sqrt{2}$). Diese Punkte mit nicht rationaler Abszisse bilden eine 'größere Unendlichkeit'. Man kann sich sogar 'noch größere Unendlichkeiten' vorstellen. Tatsächlich existieren unendlich viele Unendlichkeiten, zum Beispiel, nach Größe geordnet, die Unendlichkeit der abzählbaren Unendlichkeiten, die des Stetigen und die der Funktionen. Der berühmte russisch-amerikanische Physiker Georges Gamow (1904-1968) meinte einmal: 'Jenseits dieser Kinder der Mathematik können wir uns sogar Unendlichkeiten vorstellen, die über die Unendlichkeit der Funktionen hinausgehen, aber diese können wir nicht mehr darstellen.'*"

In diesem Augenblick erkannte Scheherezade, daß der Morgen gekommen war, und schwieg.

Einundfünfzigste Nacht
Von der Mücke zum Elefanten

Von den Qaf-Bergen war ein Riese aufgetaucht, wie noch nie einer gesehen worden war. Er war hundertmal größer als ein Mensch, und seine schweren, langsamen Schritte ließen die Wälder erzittern. Nichts war vor ihm sicher, und es waren ihm schon zahlreiche Menschen zum Opfer gefallen.

Besorgt hatte König Schahsaman seinen Rat einberufen.

„Was tun?" war seine bange Frage. „Ich wäre sogar bereit, mich selbst zu opfern, wenn wir nur diese schreckliche Kreatur los wären!"

„Mutig, mutig!" staunte der Großwesir, „aber unnötig. Bekanntlich findet sich in solchen Situationen immer ein tapferer junger Ritter, der sich um die Sache kümmert."

„Nun denn, worauf warten wir?" rief Schahsaman. „Her mit diesem Mann, und wenn er Erfolg hat, dann wird er reich beschenkt!"

„Da wäre nur noch ein kleines Problem", schränkte der Großwesir ein. „Mit welchem Geld wollt ihr denn die Belohnung bezahlen? Die Staatskasse ist leider wieder einmal leer."

„Kein Problem", entgegnete der König. „Wir erheben einfach eine neue Riesen-Steuer. Ich frage mich allerdings, wie unser Held mit diesem Ungetüm fertigwerden soll."

„Nun, auch das ist gar nicht so schwierig", meldete sich Abdul, der Physiker, zu Wort. „Eigentlich ist es völlig ausreichend, daß wir diesen trägen Koloß zum Rennen bringen. Erlaubt mir zur Erklärung einen kleinen Exkurs in die Architektur. Wie ihr wißt, haben wir Versuche gemacht, um das Maximalgewicht zu bestimmen, das eine Säule mit quadratischem Querschnitt tragen kann, ohne zu brechen. Vier identische Säulen können insgesamt das vierfache Gewicht einer einzigen Säule tragen. Wenn wir sie eng zusammen stellen, haben wir praktisch eine Säule mit dem vierfachen Querschnitt. Daraus haben wir abgeleitet, daß die Tragfähigkeit einer Säule proportional zur Fläche ihres Querschnitts ist."

VACARO

„Könntet ihr vielleicht langsam zur Sache kommen?", drängte Schahsaman.

„Sofort. Wenn man die Dimensionen eines Objekts auf das Hundertfache vergrößert, dann vergrößert man damit sein Volumen um 100^3, also um eine Million, die Oberflächen dagegen nur um 100^2, also 10.000. Der Riese wiegt also einmillionenmal so viel wie ein Mensch. Der Querschnitt seiner Knochen ist dagegen nur zehntausendmal so groß wie der eines Menschen. Und damit muß jeder Quadratzentimeter seiner Knochen ein hundertmal so großes Gewicht tragen wie ein menschlicher Knochen!"

„Und deshalb bewegt er sich immer so langsam!" fiel Zephyra auf. „Wenn wir ihn zum Laufen bringen, dann halten seine Knochen die Belastung nicht mehr aus, brechen, und wir wären ihn los. Schicken wir also einfach irgend jemanden hin, der ihn zur Weißglut reizt!"

„Warum nicht dich, wenn du schon immer so schlau bist?" schlug Irwana vor.

„Ach weißt du", meinte Zephyra, „ich habe in der letzten Zeit etwas zugenommen, ich kann leider nicht mehr so schnell rennen ..."

„Die Überlegung zu den Säulen geht, wie übrigens auch die zum Fallen der Körper (36. Nacht), auf Galilei zurück", erzählte Scheherezade. „Die unterschiedliche Veränderung von Volumen und Oberfläche bei einer Vergrößerung erklärt im Zusammenhang mit den Materialeigenschaften, warum Bäume nicht in den Himmel wachsen (die Stämme würden unter ihrem eigenen Gewicht brechen) oder auch Gebirge nicht beliebig hoch anwachsen können. Es ist auch interessant, sich einmal Gedanken über die Dicke der Beine der Elefanten zu machen: Sind sie nicht im Verhältnis zum Körper viel dicker als bei einer Fliege?"

In diesem Augenblick erkannte Scheherezade, daß der Morgen gekommen war, und schwieg.

Bibliographie

Jean-Paul Delahaye: π – *die Story*, Basel, Birkhäuser, 1999.

G. Gamow und M. Stern: *Jeux mathématiques*, Paris, Dunod, 1961.

Martin Gardner: *Haha ou l'éclair de la compréhension mathématique*, Paris, Pour la Science, 1979.

T. W. Körner: *Mathematisches Denken*, Basel, Birkhäuser, 1998.

Joël Martin: *Le Dico de la contrepètrie*, Paris, Le Seuil, 1997.

William Poundstone: *Im Labyrinth des Denkens*, Reinbek, Rowohlt, 1995.

Bernard Sapoval: *Universalité et fractales*, Paris, Flammarion, 1997.

Ian Stewart: *Les Mathématiques de la vie*, Paris, Pour la Science, 1998.

Rolin Wavre: *La Logique amusante*, Editions du Mont-Blanc, 1946.

Sowie die Autoren der ersten 250 Ausgaben von *Pour la Science* ...